U0142232

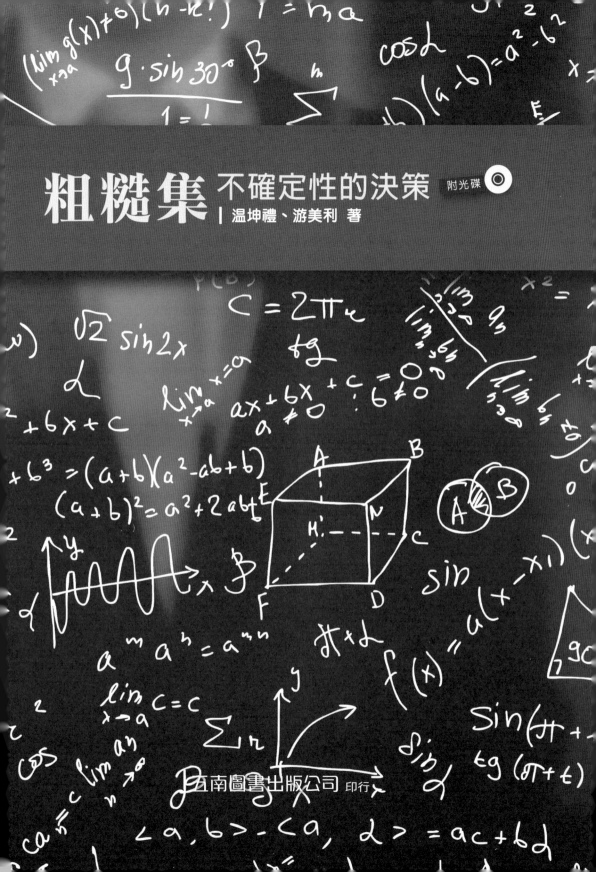

粗糙集 不確定性的決策

附光碟 ◎

| 溫坤禮、游美利 著

五南圖書出版公司 印行

序 言

西元 1982 年，波蘭的數學家 Zdzislaw Pawlak 針對 Friedrich Ludwig Gottlob Frege 的邊界線區構想提出了粗糙集（rough set）的概念，並且出版了第一本粗糙集的書。接著在 1992 年，同樣的波蘭數學家 R. Slowinski 主編的關於粗糙集應用及相關方法比較研究的論文集也隨著出版。此一理論到目前已經發展了將近四十年，並且經過許多電腦學家和數學家不懈地研究，在理論上也日漸趨於完善。特別是上個世紀的八十年代末和九十年代初，在知識發現等領域得到了相當成功的應用，因而越來越受到國際上的廣泛關注。同樣的在台灣也是有相當多的學者投入此一領域，並且在資訊系統、人工智慧、決策支持系統、知識與數據挖掘、模式識別與分類及故障檢測等方面得到了相當多成功的成果。但是大家會發現，在所有介紹粗糙集的書籍中，均為英文、日文及簡體中文版，並無繁體中文版之書籍，使得學習此一理論變得相當困難。因此作者大膽的將近年的研究心得加以整理，以最淺顯的繁體字版呈現，並且使用工程界中最基礎的 C 語言，整合完成輔助的粗糙集電腦工具箱，期望能對初學者有所助益。本書的第一章為粗糙集的基本概念，主要說明粗糙集的來源、基本概念及未來之發展。第二章為粗糙集的基本數學概念，以集合為出發點，建立學習者之數學基礎。第三章為粗糙集的數學模型，說明相關數學方式之計算。第四章為應用之實例，總共提出七個實例，詳細的將所有的計算步驟一步一步的加以列出，使讀者能更深入了解粗糙集之涵義。第五章則為粗糙集的 C 語言電腦工具箱，同時也驗證第四章中實例的正確性。

由於作者才疏學淺，如有缺失尚請先進不吝指教。

作者　謹識於彰化　建國科技大學　電機研究所

灰色粗糙分析研究室（Grey System Rough Center: GSRC）

2019 年 4 月 25 日

　　本書主要針對粗糙集理論及電腦工具箱方法做一詳細的介紹，希望能使初學者很快的進入粗糙集理論的領域並加以應用於不確定度的分析領域之中，主要的特色在於使用簡單的白話文說明數學模式及模型的表示，並且以自行研發的 C 語言電腦工具箱輔助運算，達成學習的效果。

　　本書的編排為一學期三學分五十四小時的課程用，建議教學進度如下：

章節	教學教學內容	時數
第一章	粗糙集的基本概念	六小時
第二章	粗糙集的基本數學概念	九小時
第三章	粗糙集的數學模型	九小時
期中討論	相關之期刊及論文	六小時
第四章	粗糙集的實例	九小時
第五章	粗糙集的電腦工具箱	九小時
期末討論	相關之期刊及論文	六小時

目　錄

圖目錄

$\equiv$	等價（定義；若且唯若）
$\exists$	存在
$\forall$	任意的，全部的
$\Rightarrow$	依賴
$P \Rightarrow Q$	Q 依賴於 P
$\wedge$	與（合併，最小）
$\vee$	或（分解，最大）
$\rightarrow$	當 … 則（蘊含）
U	論域（Universe：全集合），$U = \{x_1, x_3, \cdots, x_n\}$
(U, R)	R 為論域 U 上的劃分表達的等價關係空間
$X \in U$	子集合 X 屬於 U，稱為 U 中的一個範疇
$X \notin U$	子集合 X 不屬於 U
$U \mid R$	根據關係 R，U 中構成的所有等價類
$P \subset R$	P 是屬於 R 的一個基本範疇，P 為 R 的眞子集合
$P \subseteq R$	R 包含 P
$\bigcup P$	P 的聯集
$\bigcap P$	P 的交集
max.	最大值
min.	最小值
V_a	屬性 a 的屬性值
d_x	定義決策規則函數
$card(U) = |U|$	集合 U 的基數

$core(P)$	P 的核；基於 P，U 中所有不可省略關係的集合
$des\{X_i\}$	X_i 的一種等價描述
$ind(P)$	P 上的不可分辨關係
$[X]_R$	基於 R 的 X 的等價類，並且 $X \in U$
$d_R(X)$	等價集合 R 可定義的精度
$\gamma_R(F)$	知識 F 的 R 近似質量
$\overline{R}(X)$	X 的 R 上近似集，可能歸入 X 的元素的集合
$\underline{R}(X)$	X 的 R 下近似集，一定能歸入 X 的元素的集合
$bn_R(X)$	X 的 R 邊界域，不能歸入 X 或 $_-X$ 的元素的集合
$pos_R(X)$	X 的 R 正域，亦 $\underline{R}(X)$
$neg_R(X)$	X 的 R 負域，亦即 $\underline{R}(X)$
$red(P)$	P 的所有約簡集合

第 1 章

粗糙集的概念

1.1 前言

在自然科學、社會科學和工程技術的很多領域中，都會不同程度地涉及到對不確定性（uncertainty）問題和對不完備（imperfect）資訊的處理。因為從實際系統中所得到的數據往往包含著雜訊，處於不夠精確甚至不完整的狀態，如果採用純數學上的假設消除或者忽略這種不確定性，效果往往不甚理想。反之，如果對這些資訊進行合適地處理，可能會有助於相關實際系統問題的解決。

正因為如此，多年來研究人員一直在努力尋找能處理不確定性和不完整（incomplete）性的有效途徑。首先發現機率統計方法和模糊理論是其中的兩種方法，目前也已經廣泛的應用於一些實際領域。但是這些方法有時候也需要一些數據的附加資訊或者知識，例如統計機率分布及模糊歸屬函數等。由於這些資訊本身並不是很容易可以得到的，因此產生了許多相關的研究方式，而本書則提出另一種計算的方式，稱為粗糙集理論（rough set theory）。

例題 1-1 例舉各種不確定性

解：1. 隨機性：隨機現象的不確定性，這是已經有很久歷史的經典概念。

2. 模糊性：模糊概念下的不確定性，通常是由經驗法則的歸屬函數所產生的不確定性，1965 年由扎德（Lotfali Askar Zadeh）所提出。

3. 粗糙性：資訊系統中知識和概念的不確定性。

此外還有 1948 年仙農（Claude Elwood Shannon）根據經典熱力學，借用資訊熵（entropy）的概念，以度量系統的隨機程度，從資訊理論觀點奠定了熵理論的基礎，並且成功地實現了隨機性的數理觀念，在目前熵則是廣泛地應用於不確定性度量，而仙農熵也被稱為系統的熵。

1.2　粗糙集的產生

Zdzislaw Pawlak（波蘭，1982 年）針對 1904 年的邏輯創始者弗里格（Friedrich Ludwig Gottlob Frege；德國，1848～1925）的邊界線區構想，提出了粗糙集的概念，並且出版了第一本關於粗糙集的書。對粗糙集而言，Pawlak 是將有關想要確認的個體都歸屬在邊界線區域內，而這種邊界線區域則被定義為上近似集（upper approximation）和下近似集（lower approximation）的差集。由於粗糙集可以使用明確的數學公式加以描述，所以在集合內的元素數目是可以被計算的，並且為模糊集的形式。換言之，在 0 和 1 之間的模糊度是可以計算而求得的。此一特點恰好能處理不甚分明問題的常規性，並且具備能夠以不完整的資訊或者知識處理一些不明確現象的能力。

以數學的觀點而言，粗糙集則是利用下近似集和上近似集的方式，在不需要任何預先假設或者額外的相關數據資訊之下，依據所觀察及所度量到的某些不精確的結果，來進行數據的分類（推理、學習和決策中的關鍵問題）。近四十年來，粗糙集經過許多電腦學家及數學家不懈地研究，已經在理論上日漸趨於完善。特別是由於二十世紀八十年代末和九十年代初，在知識發現等領域得到了相當成功的應用，而越來越受到國際上的廣泛關注。

　　粗糙集理論模型應用層面廣泛，涵蓋了醫學工程、製程管理及財務工程等，而目前主要大量地應用於企業破產預警、資料庫行銷與金融投資預測三大領域。原因是因為粗糙集理論內的特徵可以藉由歷史的資料庫（知識庫），挖掘資訊中隱藏的模型藉以預測未來。這是由於三大領域的歷史資料庫皆由多種屬性資訊表建立，並且擁有相似的預測特徵。此外，粗糙集理論的應用通常是結合統計方法、模糊集理論、神經網路及灰色系統理論，進行推理學習、處理不完整數據和解決不精確性等等問題。經由與其他理論進行整合及應用，對於粗糙集理論的屬性、不可分辨與結果檢測進行探討與改良，使得粗糙集理論更具有深度與廣度。

1.3　粗糙集的基本假設 —— 知識

　　「知識（knowledge）」的概念在不同的範疇內有多種不同的含義，而在粗糙集理論中，知識被認為是一種分類能力，人類的行為是基於分辨對象為現實的或者抽象的能力。例如在遠古時代，人類為了生存，必須能分辨出什麼可以食用，什麼不可以食用；在現代，醫生診斷病患時，必須辨別出病患得的是哪一種病。這些根據事物的特徵差別，將其分門別類的能力都可以看作是某種「知識」。由此可以得到知識在人工智慧中是一個非常重要的概念，而在粗糙集中，知識被定義為全體討論領域的一個劃分，也是一種將對象進行分類的能力。

以數學的語言而言，假設全集合為論域 U，（$U = \phi$），其中 $\forall x \in U$，稱為 U 中的一個概念（concept），U 中的一個概念集合 $U = \{x_1, x_2, x_3, \cdots, x_n\}$ 則稱為關於 U 中的知識。此時 $x_i \subseteq U$，$x_i \neq \phi$，$x_i \bigcap x_j = \phi$，$i \neq j$，$i, j = 1, 2, 3, \cdots, n$，$\bigcup_{i=1}^{n} x_i U$（空集合本身也是一個概念集合）。

例題 1-2 集合（set）

所謂的集合是按照同一目的或者特點，將所有的研究對象加以組合。

表 1-1　集合論的代表性符號一覽表

符號	U	Ω	ϕ	ω	A	A^C
集合論	論域	全集合	空集合	元集合	子集合	補集合

符號	$A = B$	$A \subset B$	$A \cup B$	$A \cap B$ 或 AB
集合論	A 與 B 相等	A 是 B 的子集合	A 與 B 的聯集	A 與 B 的交集

符號	$A - B$	$AB = \phi$	$A \cup B = \Omega$
集合論	A 與 B 的差集	A 與 B 不相同	A 與 B 所構成的全集

1. 集合表示方法有下列幾種：

(1) 列舉法：$U = \{x_1, x_2, x_3, \cdots, x_n\}$

$A = \{a, b, c, \cdots, n\}$，$B = \{1, 2, 3, \cdots, m\}$，$C = \{$陳，林，李，蔡，史$\}$。

(2) 描述法

　　$A = \{X \mid Q(x)\}$：A 為滿足 $Q(x)$ 的一切 x 所組成的集合。

　　$B = \{x \mid x \in N, 0 \le x \le 2\}$，$N = \{0, 1, 2, \cdots, n, \cdots\}$：$0 \sim 2$ 中最小元素的集合。

2. 空集合：$A = \{\} = \phi$。

3. $card$：如果 $A = \{a, b, c, d\}$，則 $card(A) = |A| = 4$，表示該集合內元素的數目。

4. $a \in A$：元素 a 屬於 A，$f \notin A$：元素 f 不屬於 A。

5. 如果 $A = \{a, b, c, d\}$，$B = \{b, d\}$，則 $A \subset B$。

例題 1-3　給定人力資源的集合 $U = \{x_1, x_2, x_3, x_4, x_5, x_6, x_7, x_8\}$，並且假設有不同學歷（學士、碩士、博士），學術領域（工程、商學、醫學）及性別（男、女）。本題主要目的是說明「知識（分類能力獲得的概念或範疇的集合）」、「知識庫」和「近似空間」的內容。

解：按照學歷、學術領域及性別加以分類

1. 學歷：學士：x_1, x_3, x_7　　碩士：x_2, x_4
   博士：x_5, x_6, x_8

2. 學術領域：工程：x_1, x_5　　商學：x_2, x_6
   醫學：x_3, x_4, x_7, x_8

3. 性別：男：x_2, x_7, x_8　　女：x_1, x_3, x_4, x_5, x_6

　　根據以上的結果，可以定義三個新的屬性：學歷 R_1、學術領域 R_2 及性別 R_3，根據這些屬性的新定義，我們可以得到下面三種分類。

$U \mid R_1 = \{\{x_1, x_3, x_7\} \{x_2, x_4\} \{x_5, x_6, x_8\}\}$。

$U \mid R_2 = \{\{x_1, x_5\} \{x_2, x_6\} \{x_3, x_4, x_7, x_8\}\}$。

$U \mid R_3 = \{\{x_2, x_7, x_8\} \{x_1, x_3, x_4, x_5, x_6\}\}$。

如此就可以把知識的概念加以整理，而獲得分類的能力。其中，$U = \{x_1, x_2, x_3, \cdots, x_n\}$ 中的任意概念族，稱爲關於 U 的抽象知識，簡稱爲知識。例如其中的一個子集合 $\{x_1, x_3, x_7\}$ 就是 $U = \{x_1, x_2, x_3, \cdots, x_8\}$ 中按照學歷分類的「學士程度的」知識；$\{x_1, x_5\}$ 就是 $U = \{x_1, x_2, x_3, \cdots, x_8\}$ 中按照學術領域分類的「工程領域的」知識等等。通常，人們不只是要處理一個單獨的分類，而是要處理 $U = \{x_1, x_2, x_3, \cdots, x_n\}$ 上的一些分類族。一旦一個 U 上的分類族被定義爲一個 U 上的知識庫時，則構成了一個特定論域的分類，並且定義這知識庫爲 K：

$$K = （U, R） = \{U, R_1, R_2, R_3\} \qquad （1\text{-}1）$$

如果 R 是 U 上的劃分（$R = \{X_1, X_2, \cdots, X_n\}$），此時 (U, R) 稱爲近似空間，亦即 R 是 U 上等價關係的一個族集合。

1.4　粗糙集的特性

1. 粗糙集是一種軟性計算方法（soft computing）

此一概念是由模糊理論創始人扎德（Zadeh）所提出的，軟性計算中的主要工具包括粗糙集、模糊邏輯、神經網路、機率推理、信度網路（belief networks）、遺傳演算法（genetic algorithm, GA）與混沌（chaos）理論等。而傳統的計算方法則稱爲硬性計算（hard computing），是使用精確、固定和不變的算法表達及解決問題。而軟性計算是利用所允許的不精確性、不確定性和部分眞實性，以得到易於處理和成本較低的解決方案，達到與現實系統最佳的協調。

2. 粗糙集的特點

(1) 能處理各種數據，包括不完整的數據以及擁有多變量（multi-parameter）的數據。

(2) 能處理數據的不精確性和模稜兩可性（ambiguity），包括確定性和非確定性兩種情況。

(3) 能求得知識的最小表達和知識的各種不同顆粒（granularity）層次。

(4) 能從數據中找出概念、簡單並且易於操作的模式（pattern）。

(5) 能產生精確而又易於檢查和證實的規則，特別適用於智能控制中規則（rule）的自動生成。

3. 粗糙集的應用

粗糙集是一門實用性很強的學科，從誕生到現在雖然只有四十年左右的時間，但是已經在不少領域取得了豐碩的成果。例如在近似推理、數字邏輯分析和約簡、建立預測模型、決策支援、控制算法的獲取、機器學習算法和模式識別等等。同時也被廣泛地應用於人工智慧、醫療數據分析自動控制、模式識別、語言識別以及各種智能資訊處理等領域，並且有良好的成果。以下簡單介紹粗糙集應用的幾個主要領域。

(1) 從數據庫中將「知識」發現

現代社會中隨著資訊產業的迅速發展，大量來自金融、醫療及科學研究等不同領域的資訊被儲存在數據庫中，這些浩瀚的數據間，隱含著許多有價值但是鮮爲人知的相關性。例如股票的價格和一些經濟指數有怎樣的關係，手術前病患的病理指標可能與手術是否成功存在某種關聯等等。由於數據庫過於龐大，人工處理這些數據幾乎是不可能的，於是出現了一個新的研究方向 —— 數據庫中的知識發現（knowledge discovery in databases, KDD），也稱爲數據發掘或數據挖掘（data mining），它是目前國際上人工智慧領域中研究較爲活躍的分支，而粗糙集正是其中的一種重要的研究方法。由於所採用的資訊表與關係數據庫中的關係數據模型相當相似，因此就將植基於粗糙集的演算法嵌入數據庫管理系統中，利用粗糙集引入核（core）及約簡（reduct）等的概念與方法，從數據中匯出使用 if then 規則形式描述的知識，使得知識更便於儲存和使用。迄至目前爲止，對於預測準確率可以提高數倍。

(2) 人工神經網路訓練樣本集後約簡

人工神經網路具有平行處理、高度容錯和廣泛化能力的特點，適合應用在預測、複雜對象建模和控制等場合。但是當神經網路規模較大及樣本較多時，訓練時間會過於漫長，此一缺點是限制神經網路進一步實用化的一個主要原因，雖然各種提升訓練速度的算法不斷出現，但是到目前爲止，問題仍未徹底解決。人們發現約簡訓練樣本集合，消除多餘（superfluous）的數據是另一條提升訓練速度的途徑，而粗糙集則可以使用約簡神經網路訓練樣本數據集合，在保留重要資訊的同時，也消除了多餘的數據，使得模擬的速度提升了許多倍，得到了較好的效果。

(3) 重新獲得控制規則中的新演算法

在實際系統中有很多複雜對象很難以建立數學模型，此時傳統的數學模型的控制方法就難以奏效。而模糊控制是類比於人類的模糊推理和決策過程，將操作的控制經驗總結爲一個系列的語言控制規則，具有強韌性和簡單性的特點，因而在工業控制等領域發展較快。但是在面對某些複雜對象的時候，控制規則難以獲得，因此限制了模糊控制的應用。而粗糙集則能夠自動抽取控制規則的特點，提供了解決此一難題的方式。應用粗糙集進行控制的方式是將控制過程的一些有代表性的狀態，以及操作者在這些狀態下所採取的控制策略均加以記錄，然後利用粗糙集處理所記錄的數據，分析操作者在何種條件下會採取何種控制策略，進而總結出一系列的控制規則。

　　規則 1：if condition 1 滿足 then 採取 decision 1

　　規則 2：if condition 2 滿足 then 採取 decision 2

　　規則 3：if condition 3 滿足 then 採取 decision 3

此種根據觀測數據獲得控制策略的方法，通常被稱爲從實例中學習（learning from examples）。雖然粗糙集控制與模糊控制都是基於知識及基於規則的控制，但是粗糙集控制更加簡單迅速，實現容易（因爲粗糙集控制有時候可以省卻掉模糊化及去模糊化的步驟）；另一個優點是在於控制演算法可以完全來自數據本身，所以從軟體工程的角度來看，決策和推理過程與模糊控制相比可以很容易被證實（verification），尤其在要求控制單元架構與演算法必須簡單的情形下，粗糙集控制的表現會比模糊控制更好。

(4) 經由推理得出肯定的決策支援系統結論

　　面對大量的資訊以及各種不確定元素，要做出科學及合理的決策是非常困難的，而決策支援系統主要是一組協助制定決策的工具,重要特徵就是能夠執行 if-then 規則,並且進行判斷分析。粗糙集可以在分析以往大量經驗數據的基礎上找到這些規則,彌補了一般傳統決策方法的不足,允許決策對象中存在一些不太明確及不太完整的屬性,並且經過推理可以得出肯定的結論。

1.5 粗糙集、模糊集、實證理論與灰色理論的異同性

1. 粗糙集與模糊集

粗糙集與模糊集都能處理不完備數據,但是方法不同。模糊集注重的是描述資訊的含糊(vagueness)程度,而粗糙集則強調數據的不可辨別(indiscernibility)、不精確(imprecision)和模棱兩可的情形。如果使用影像處理做比喻,當討論影像的清晰程度時,粗糙集是強調組成影像畫素的大小,而模糊集則是強調畫素本身存在不同的灰階值。

粗糙集研究的是不同類中的對象組成的集合之間的關係,重點在分類;而模糊集研究的是屬於同一類的不同對象的歸屬關係,重點在歸屬的程度。因此粗糙集和模糊集是兩種不同的理論,但是在處理不完整數據上是相輔相成的,具有互補的關係。

2. 粗糙集與實證理論

粗糙集與實證理論雖然有一些相互重疊的地方,但是在本質上是不同的。粗糙集是使用集合的下近似集及上近似集,對於給定數據的計算是客觀的,不需要知道關於數據的任何先前知識(例如機率分

布等）。而證據理論則是使用信任函數（belief function），需要事先假定似然值（plausibility）。

3. 粗糙集與灰色理論

粗糙集與灰色理論中的 GM(h, N) 模型有相似的地方，在應用上都可以得到所要分析系統的因子權重值，只不過 GM(h, N) 可以使用原始數據分析，而粗糙集則是必須先行離散化數值後再處理，而此一離散化的處理可能會影響結果。在本質上，粗糙集使用集合的下近似集及上近似集，而 GM(h, N) 模型則是使用差分方程的函數（difference function）做爲主要的數學工具。此外粗糙集和 GM(h, N) 模型均爲多輸入方式（multi-input），但是在輸出時，粗糙集可以爲多輸出（multi-output）及單輸出，但是 GM(h, N) 模型只能爲單一輸出的形式。

1.6　粗糙集的研究內容

經由以上的說明，可以得出粗糙集理論主要是解決資訊系統中知識的不可分辨性，達到知識的表達與約簡。本書在圖 1-1 中將粗糙集的研究內容，以最簡單的圖形方式加以表示。

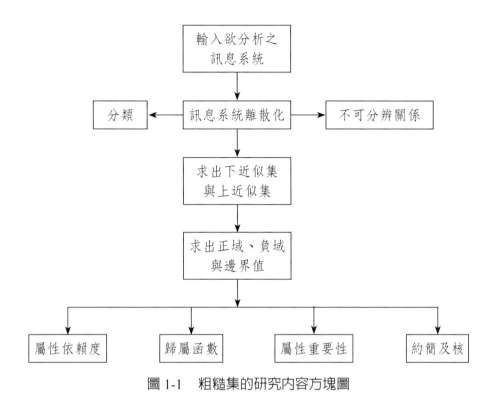

圖 1-1　粗糙集的研究內容方塊圖

1.7　粗糙集的未來發展

　　粗糙集是一種非常具有研究前途的處理不確定性的方法，相信將會在更多的領域中得到應用。由於粗糙集理論有許多不可替代的優越性，已經在資訊系統分析、人工智慧及應用、決策支持系統、知識與數據發掘、模式識別與分類及故障診斷等方面取得了相當成功的應用。但是粗糙集理論目前仍處在持續發展之中，正如粗糙集理論的發明人 Zdzislaw Pawlak 指出，仍有一些理論上的問題需要解決，例如在分析時必先將數值離散化，而離散化的等級是相當主觀的，這是目前值得研究的方向。另外粗糙集與模糊理論、類神經網路、遺傳算法及灰色系統理論等軟性計算方法的結合，發揮各自的優點，設計出具有較高的機器智商（MIQ）的混合智能系統（hybrid intelligent system），也是一個值得努力的方向。此外在軟體工程上，今後的發展也朝向電腦工具箱研發之方向，利用強大的程式語言（例如 C^{++}）發展工具箱，以輔助大量數值的計算及分析，進而找出更廣泛的應用領域。

第 2 章

粗糙集的基本數學

　　數學中的集合論，主要作用為描述離散世界上的各種事件，因為使用集合論的方法，能夠提供非常有用的數理基礎與有力的解析方法，而粗糙集正是在集合理論基礎上所發展的新興理論，在智能資訊處理中是非常有幫助的工具。為了能夠順利了解到粗糙集理論的涵義，在本章裡，首先複習一些集合的基礎，再從集合理論的有序對和等價關係，建構關係矩陣與表格的概念，並且植基於知識與分類相連繫的觀點，簡明地定義出不可分辨關係、近似的分類及粗糙集的整體相關內容。

2.1　集合的基本性質

　　本節主要介紹集合的一些性質，說明如下。

2.1.1　集合的包含性質

1. 自身性：$A \subseteq A$。
2. 傳遞性：如果 $A \subseteq B$ 及 $B \subseteq C$ 則 $A \subseteq C$。
3. 反對稱性：如果 $A \subseteq B$，若且唯若 $A = B$ 時，則 $B \subseteq A$。
4. 空集合特性：$\phi \subseteq A$。

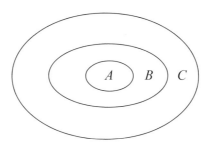

圖 2-1 集合的包含關係

例題 2-1

1. $A = \{0, 1, 2\}$，$B = \{1, 2, 3, 4\ 5\} \rightarrow A \not\subset B$。

2. $A = \{1, 2, 3\}$，$B = \{1, 2, 3, 4\ 5\}$ 及 $C = \{1, 2, 3, 4\ 5, 6, 7\}$

   如果 $A \subset B$ 及 $B \subset C$，則 $A \subset C$。

2.1.2 交集的性質

1. $A \cap A = A$。

2. $A \cap B = B \cap A$（如果 A 和 B 無交集，則 $A \cap B = \phi$）。

3. $A \cap \phi = \phi$。

4. $A \cap U = A$（$U = \bar{\phi}$）。

5. $(A \cap B) \cap C = A \cap (B \cap C)$。

6. 若且唯若 $A \subseteq B$，則 $A \cap B = A$。

7. 如果 $A \cap B \subseteq A$ 則 $A \cap B \subseteq A$。

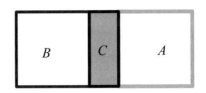

圖 2-2　集合的交集關係（$C = A \cap B$）

例題 2-2　$A = \{0, 1, 2, 3\}$，$B = \{1, 2, 3, 4, 5\}$，則 $A \cap B = \{1, 2, 3\}$。

2.1.3　聯集的性質

1. $A \cup A = A$。
2. $A \cup B = B \cup A$。
3. $A \cup \phi = A$。
4. $(A \cup B) \cup C = A \cup (B \cup C)$。
5. $A \subseteq (A \cup B)$，$B \subseteq (A \cup B)$。

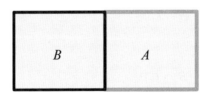

圖 2-3　集合的聯集關係（$C = A \cup B$）

例題 2-3　元素個數的計算

$card(A \cup B) = |A| + |B| - |(A \cap B)|$。

$card(A \cap B) = |A| + |B| - |(A \cup B)|$。

例如 $A = \{0, 1, 2, 3\}$，$B = \{1, 2, 3, 4, 5\}$ 時

$A \cup B = \{0, 1, 2, 3, 4, 5\}$，$A \cap B = \{1, 2, 3\}$。

所以 $card(A \cup B) = |A| + |B| - |(A \cap B)| = 4 + 5 - 3 = 6$。

$card(A \cap B) = |A| + |B| - |(A \cup B)| = 4 + 5 - 6 = 3$。

2.1.4　差集的性質

1. $A - B = A \cap \overline{B}$。
2. $A - B = A - (A \cap B)$。
3. $A \cap (B - C) = (A \cap B) - (A \cap C)$。

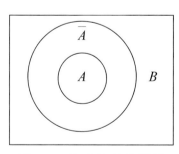

圖 2-4　集合的差集關係

2.1.5　補集的性質

1. $\overline{\phi} = U$。
2. $\overline{U} = \phi$。
3. $\overline{\overline{A}} = A$。
4. $A \cup \overline{A} = U$。
5. $A \cap \overline{A} = \phi$。
6. $\overline{A \cup B} = \overline{A} \cap \overline{B}$。
7. $\overline{A \cap B} = \overline{A} \cup \overline{B}$。

2.1.6　集合的基本演算（交集、聯集、補集與迪摩根 （Demorgan）定理）

1. $\overline{A \cup B} = \overline{A} \cap \overline{B}$，$\overline{A \cap B} = \overline{A} \cup \overline{B}$（迪摩根定理）。
2. $A \cup A = A$，$A \cap A = A$。
3. $A \cup B = B \cup A$，$A \cap B = B \cap A$。
4. $(A \cup B) \cup C = A \cup (B \cup C)$，$(A \cap B) \cap C = A \cap (B \cap C)$。
5. $A \cup (B \cap C) = (A \cup B) \cap (A \cup C)$，$A \cap (B \cup C) = (A \cap B) \cup (A \cap C)$。
6. $A \cap (A \cup B) = A$，$A \cup (A \cap B) = A$。

例題 2-4　$A = \{1, 2, 3\}$，$B = \{1, 2, 3, 4, 5\}$，$C = \{1, 2, 3, 4, 5, 6, 7\}$，
所以 $A \cup B \cup C = \{1, 2, 3, 4, 5, 6, 7\}$。

例題 2-5 $A = \{1, 2, 3\}$，$B = \{1, 2, 3, 4, 5\}$ 及 $C = \{1, 2, 3, 4, 5, 6, 7\}$，所以 $A \cap B \cap C = \{1, 2, 3\}$。

2.2 集合關係

2.2.1 有序對

由兩個對象以指定的順序所構成的集合稱爲有序對，例如在 $a = c$ 及 $b = d$ 時，有序對爲 $(a, b) = (c, d)$，並且存在以下的性質：

$(a, b) \neq (b, a)$，$(a, b) \neq (d, c)$。

如果 $a_1, a_2, a_3, \cdots, a_n$ 是 n 個對象，那麼 $(a_1, a_2, a_3, \cdots, a_n)$ 就構成有序 n 元，有序 n 元可以用 n 維向量加以表示：$A = [a_1, a_2, a_3, \cdots, a_n]^T$。此外 n 個集合 $A_1, A_2, A_3, \cdots, A_n$ 的笛卡爾積（Cartesion）是全體有序 n 元的集合，以 $\prod\limits_{i=1}^{n} A_i$ 表示，寫成方程式爲

$$\prod_{i=1}^{n} A_i = A_1 \times A_2 \times A_3 \times \cdots \times A_n, \quad a_i \in A_i, i = 1,2,3,\cdots,n\} \quad （2\text{-}1）$$

對於集合 A、B、C 及 D，笛卡爾積具有下列的性質：

1. 若且唯若 $A = \phi$ 或 $B = \phi$ 時，則 $A \times B = \phi$。
2. $(A \times B) \cup (C \times B) = (A \cup C) \times B$。
3. $(A \times B) \cap (C \times D) = (A \cap C) \times (B \cap D)$。

例題 2-6 集合 $A = \{a_1, a_2, a_3, \cdots, a_n\}$，$B = \{b_1, b_2, b_3, \cdots, b_n\}$，集合 A、B 的笛卡爾積 $A \times B$ 為全體有序對 (a, b) 的集合，亦即：

$A \times B = \{(a, b): a \in A, b \in B\}$；$a_i \in A_i, i = 1, 2, 3, \cdots, n\}$。

請注意：一般而言 $A \times B \neq B \times A$。

例題 2-7 $A = \{1, 0\}$，$A \times A = \{(1, 1), (1, 0), (0, 1), (0, 0)\}$。$A = \{1, 0\}$，$B = \{2, 3\}$，則 $A \times B = \{(1, 2), (1, 3), (0, 2), (0, 3)\}$，而 $B \times A = \{(2, 1), (2, 0), (3, 1), (3, 0)\}$，很明顯的得知 $A \times B \neq B \times A$。

只有 0 與 1 構成的集合的笛卡爾積稱為二值笛卡爾積，由 n 元二值笛卡爾積構成 2^n 個二值有序 n 元，如果 $A = \{a_1, a_2, a_3, \cdots, a_n\}$ 是二值有序 n 元：

$$\prod_{i=1}^{n} A_i = \{(a_1, a_2, a_3, \cdots, a_n)\ a_i \in (0,1), i = 1,2,3,\cdots,n\} \quad （2\text{-}2）$$

例題 2-8 $A = \{0, 1\}$ 時，三元二值笛卡爾積為

$A \times A \times A = \{0, 1\} \times \{0, 1\} \times \{0, 1\}$

$\qquad = \{(0, 0, 0), (0, 0, 1), (0, 1, 0), (0, 1, 1), (1, 0, 0),$

$\qquad\quad (1, 0, 1), (1, 1, 0), (1, 1, 1)\}$。

例題 2-9 $A = \{a, b, c, d\}$ 時，A 的冪集合有 16 個子集合，亦即

$$2^{card(A)} = \{(), (a), (b), (c), (d), (a, b), (a, c), (a, d), (b, c), (b, d),$$

$$(c, d), (a, b, c), (a, b, d), (a, c, d), (b, c, d), (a, b, c, d)\}。$$

2.2.2 有序對的關係及性質

在集合與集合元素中，所謂的關係是指兩個不同和相同集合中有序對元素的集合，因此關係可以說是一個笛卡爾子集合。對於兩個集合 A 和 B，二值關係 R 的定義為笛卡爾積 $A \times B$ 的一個子集合，亦即

$$R \subseteq A \times B = \{(a,b) : a \in A, b \in B\} \tag{2-3}$$

而逆關係為

$$R^{-1} \subseteq B \times A = \{(b,a) : b \in B, a \in A, (a,b) \in R\} \tag{2-4}$$

對於 n 個集合 $A_1, A_2, A_3, \cdots, A_n$，$n$ 值關係 R 定義為笛卡爾積 $\displaystyle\prod_{i=1}^{n} A_i$ 的一個子集合，亦即

$$R \subseteq \prod_{i=1}^{n} A_i = A_1 \times A_2 \times A_3 \times \cdots \times A_n$$

$$= \{(a_1, a_2, a_3, \cdots, a_n) : a_i \in A_i, i = 1, 2, 3, \cdots, n\} \tag{2-5}$$

關係 R 的有序對的第一個元素稱爲關係 R 的域，關係 R 的有序對的第二個元素稱爲關係 R 的範圍。例如 $A = \{a\}$，$B = \{a, b, d\}$，如果存在關係 $R \subseteq A \times B = \{(a, a), (a, b), (a, d)\}$，此時稱集合 A 是關係 R 的定義域（domain），而集合 B 是 R 的值域（range）。

如果關係 R 是集合 A 和 B 的關係，S 是集合 B 和 C 的關係，則關係 R 和 S 的合成以 $R \circ S$ 表示，亦即

$$R \circ S = \{(a, c) : 對於某些 b \in B，(a, b) \in R，$$
$$並且 (b, c) \in S\} \qquad (2\text{-}6)$$

例題 2-10 由 $A = \{1, 2, 4\}$ 及 $B = \{a, b\}$，得到 $A \times B = \{(1, a), (1, b), (2, a), (2, b), (4, a), (4, b)\}$，如果 $R = \{(1, a), (2, a), (4, a)\}$，則 $R \subseteq A \times B$，而 R 是 A 和 B 的一個二值關係。

例題 2-11 關係與函數（function）

所謂的關係可以是定義的函數，如果在實數集合 R 上二值關係（xR_1y）定義爲 $y = x^2$，則關係 R_1 是笛卡爾積 $R \times R$ 上的一個集合，亦即

$$R_1 \subseteq R \times R = \{(x, y) : x \in R, y \in R, y = x^2\} \qquad (2\text{-}7)$$

可見此種關係是由實數對 (x, x^2) 所組成，它在實數上是定義 $y = x^2$ 的函數。

例題 2-12 如果 $A = \{a, b\}$，$B = \{1, 2, 3\}$，存在一個關係 $R = \{(a, 1),$ $(b, 2)\}$，則逆關係為 $R^{-1} = \{(1, a), (2, b)\}$。

2.2.3 等價關係

如果集合 A 的關係滿足以下的三個性質，則 U 上的關係 R 稱為等價關係。

1. 自身性：$(x_i, x_i) \in R, (x_i \in U)$。

2. 對稱性：$(x_i, x_j) \in R$ 時，$(x_j, x_k) \in R$，$(x_i, x_j \in U)$。

3. 傳遞性：$(x_i, x_j) \in R$，$(x_j, x_k) \in R$，則 $(x_i, x_k) \in R(x_i, x_j, x_k \in U)$。

此時 A 的關係 R 就稱為等價關係，等價關係的聚類則稱為等價類。A 的等價關係 R 的等價類可以使用集合加以表示

$$[a]_R = \{b: (a, b) \in R\} \text{ 或者} [b]_R = \{a: (b, a) \in R\} \qquad （2\text{-}8）$$

2.2.4 關係矩陣

有限集合間的關係可以使用僅包含有 0 或 1 的關係矩陣表達，如果 R 是表示由集合 $A = \{a_1, a_2, a_3, \cdots, a_n\}$ 到集合 $B = \{b_1, b_2, b_3, \cdots, b_m\}$ 的關係，則關係矩陣 M_R 可以表示為

$$M_R = [m_{ij}]，i = 1, 2, 3, \cdots, n，j = 1, 2, 3, \cdots, m$$

$$其中：m_{ij} = \begin{cases} 1, & if\ (a_i, b_j) \in R, \\ 0, & if\ (a_i, b_j) \not\subset R. \end{cases} \quad (2\text{-}9)$$

例題 2-13 給定一些人的血型分類集合，A = {(王, a), (小林, a), (安倍, a), (李, a), (張, b), (山口, b), (陳, b), (鈴木, ab), (鄭, ab), (德田, ab), (金, o)} $\supseteq A \times B$，如果以血型加以分類的話，可以得到關係矩陣

$$M_R = \begin{array}{c} \\ 王 \\ 小林 \\ 安倍 \\ 李 \\ 張 \\ 山口 \\ 陳 \\ 鈴木 \\ 鄭 \\ 德田 \\ 金 \end{array} \begin{array}{cccc} a & b & ab & o \\ \left[\begin{array}{cccc} 1 & 0 & 0 & 0 \\ 1 & 0 & 0 & 0 \\ 1 & 0 & 0 & 0 \\ 1 & 0 & 0 & 0 \\ 0 & 1 & 0 & 0 \\ 0 & 1 & 0 & 0 \\ 0 & 1 & 0 & 0 \\ 0 & 0 & 1 & 0 \\ 0 & 0 & 1 & 0 \\ 0 & 0 & 1 & 0 \\ 0 & 0 & 0 & 1 \end{array} \right] \end{array}$$

因此對集合 A 的劃分，以「相同血型」的關係，可以分出 4 個等價類，爲了方便於數學整理與推導，等價關係也等同於分類的意義。

例題 2-14 給定一些人的集合，$A = \{$王, 小林, 安倍, 李, 張, 山口, 陳, 鈴木, 鄭, 德田, 金$\} \supseteq A \times B$，並且假設這些人有不同的出生地（台灣、日本及韓國），性別（男、女），職業（學生、教師及待業）。我們可以根據某一種屬性描述這些人的狀況，例如以出生地、性別及職業加以分類。

1. 根據出生地分類：

   王、李、張、陳、鄭 $\Rightarrow$ 台灣

   小林、安倍、山口、鈴木、德田 $\Rightarrow$ 日本

   金 $\Rightarrow$ 韓國

2. 根據性別分類：

   小林、李、山口、陳、鄭、德田 $\Rightarrow$ 男

   王、安倍、張、鈴木、金 $\Rightarrow$ 女

3. 根據職業分類：

   小林、李、張、山口、鄭、德田 $\Rightarrow$ 學生

   王、陳、鈴木 $\Rightarrow$ 教師

   安倍、金 $\Rightarrow$ 待業

   則可以建構關係矩陣為

$$
M_R = \begin{array}{c}
\\
\text{王}\\
\text{小林}\\
\text{安倍}\\
\text{李}\\
\text{張}\\
\text{山口}\\
\text{陳}\\
\text{鈴木}\\
\text{鄭}\\
\text{德田}\\
\text{金}
\end{array}
\begin{array}{cccccccc}
\text{台灣} & \text{日本} & \text{韓國} & \text{男} & \text{女} & \text{學生} & \text{教師} & \text{待業}\\
\left[\begin{array}{cccccccc}
1 & 0 & 0 & 0 & 1 & 0 & 1 & 0\\
0 & 1 & 0 & 1 & 0 & 1 & 0 & 0\\
0 & 1 & 0 & 0 & 1 & 0 & 0 & 1\\
1 & 0 & 0 & 1 & 0 & 1 & 0 & 0\\
1 & 0 & 0 & 0 & 1 & 1 & 0 & 0\\
0 & 1 & 0 & 1 & 0 & 1 & 0 & 0\\
1 & 0 & 0 & 0 & 1 & 0 & 1 & 0\\
0 & 1 & 0 & 0 & 1 & 0 & 1 & 0\\
1 & 0 & 0 & 1 & 0 & 1 & 0 & 0\\
0 & 1 & 0 & 1 & 0 & 1 & 0 & 0\\
0 & 0 & 1 & 0 & 1 & 0 & 0 & 1
\end{array}\right]
\end{array}
$$

根據關係矩陣 M_R，可以知道原來分類就是具有表格的概念。

2.2.5 等價關關係的近似空間與不可分辨

1. 近似空間

在使用 R 描述 U 中對象之間的等價關係時，此時屬性關係可以使用 $U \mid R$（U / R 或者 $\dfrac{U}{R}$）加以表示，表示方式為

$$U \mid R = \{[x_i]R \mid x_i \in U\} \tag{2-10}$$

根據關係 R 及 U 中的對象構成的所有等價類族，如果 R 是 U 上的劃分，$R = \{X_1, X_2, X_3, \cdots, X_n\}$ 所表示之等價關係 (U, R) 稱為近似空間，如（2-11）式所示。

$$des\{X_i\} \qquad\qquad （2\text{-}11）$$

例題 2-15 參照例題 2-14，我們定義三個屬性與各個元素：出生地 R_1、性別 R_2 及職業 R_3。

由 $U = \{$ 王, 小林, 安倍, 李, 張, 山口, 陳, 鈴木, 鄭, 德田, 金 $\}$
$= \{x_1, x_2, x_3, x_4, x_5, x_6, x_7, x_8, x_9, x_{10}, x_{11}\}$ 中的屬性，可以得到三種分類：

$U \mid R_1 = \{\{x_1, x_4, x_5, x_7, x_9\}, \{x_2, x_3, x_6, x_8, x_{10}\}, \{x_{11}\}\}$。

$U \mid R_2 = \{\{x_2, x_4, x_6, x_7, x_9, x_{10}\}, \{x_1, x_3, x_5, x_8, x_{11}\}\}$。

$U \mid R_3 = \{\{x_2, x_4, x_5, x_6, x_9, x_{10}\}, \{x_1, x_7, x_8\}, \{x_3, x_{11}\}\}$。

由上述中可以得知 R 代表論域 U 中的一種關係，可以說是一種屬性的描述。此種 R 的等價關係，就是所謂的 R 屬性，兩者都是相同的，只是描述方法不同而已。

表 2-1　關係 R 及 U 一覽表

U / R		出生地 R_1	性別 R_2	職業 R_3
王	x_1	台灣	女	教師
小林	x_2	日本	男	學生
安倍	x_3	日本	女	待業
李	x_4	台灣	男	學生
張	x_5	台灣	女	學生
山口	x_6	日本	男	學生
陳	x_7	台灣	男	教師
鈴木	x_8	日本	女	教師

表 2-1　關係 R 及 U 一覽表（續）

U/R		出生地 R_1	性別 R_2	職業 R_3
鄭	x_9	台灣	男	學生
德田	x_{10}	日本	男	學生
金	11	韓國	女	待業

2. 不可分辨關係

對於子集合 $X, Y \in U$，根據關係 R，X 和 Y 不可分辨時，使用 $[X]_R$ 表示，亦即代表子集合 Y 和子集合 X 都屬於 R 中的一個範疇。

假使 $P \subset R$，並且 $P \neq \phi$，則 $\cap P$（P 中全部等價關係的交集）也是一種等價關係，稱爲 P 上的不可分辨關係（indiscernibility relation），使用 $ind(P)$ 表示。

$$[X]_{ind(P)} = \bigcap_{P \in R} [X]_R \qquad （2\text{-}12）$$

不可分辨關係的數學意義是在論域 U 中的等價關係。在粗糙集中，有時候也將不可分辨關係稱爲一個等價關係（equivalence relation）。如果以數學模型表示爲某一集合 $X \subseteq U$，U 稱爲全集合，滿足 X 不爲空集合，並且存在自身性、對稱性及傳遞性三種性質，則 X 中所有等價關係的交集即稱爲 X 上的不可分辨關係，並且以（2-13）式表示。

$$ind(X) = \{(x, y) \in U \times U, \forall a \in X, f(x, a) = f(y, a)\} \qquad （2\text{-}13）$$

由以上的說明可以得知，不可分辨關係即爲等價關係，主要是將 U

劃分為有限個等價集合，而每一個等價集合及對象間是不可分辨的。此時對$\forall x \in U$而言，等價關係可以寫成（2-14）式，並且稱 x 和 y 為不可分辨的。

$$[x]_P = \{y \in U \mid (x, y) \in ind(X)\} \qquad （2\text{-}14）$$

例題 **2-16** 某公司招募新進人員，所需要的條件如表 2-2 所示，其中 U 是由八個應徵者所組成，請決定等價之關係。

表 2-2　某公司招募新進人員訊息系統表

屬性與對象	條件屬性				決策屬性
	學歷 a_1	經驗 a_2	是否會說日語 a_3	口試表現 a_4	是否錄取 D
x_1	MBA	中	是	優秀	是
x_2	MBA	低	是	一般	否
x_3	MCE	低	是	良好	否
x_4	MSC	高	是	一般	是
x_5	MSC	中	是	一般	否
x_6	MSC	高	是	優秀	是
x_7	MBA	高	否	良好	是
x_8	MCE	低	否	優秀	否

解：由於一個屬性相當於一個等價關係，本題共有四個屬性，亦即 {學歷，經驗，是否會說日語，口試表現}。其中：MBA 為工商管理碩士，MCE 為土木工程碩士，MSC 為理學碩士，可以分類為：

1. $\dfrac{U}{a_1} = \{\{x_1, x_2, x_7\}, \{x_3, x_8\}, \{x_4, x_5, x_6\}\}$。

2. $\dfrac{U}{a_2} = \{\{x_1, x_5\}, \{x_2, x_3, x_8\}, \{x_4, x_6, x_7\}\}$。

3. $\dfrac{U}{a_3} = \{\{x_1, x_2, x_3, x_4, x_5, x_6\}, \{x_7, x_8\}\}$。

4. $\dfrac{U}{a_4} = \{\{x_1, x_6, x_8\}, \{x_2, x_4, x_5\}, \{x_3, x_7\}\}$。

5. 條件屬性爲：$\dfrac{U}{C} = \dfrac{U}{\{a_1, a_2, a_3, a_4\}}$

$$= \{\{x_1\}, \{x_2\}, \{x_3\}, \{x_4\}, \{x_5\}, \{x_6\}, \{x_7\}, \{x_8\}\}。$$

6. 決策屬性爲：$\dfrac{U}{D} = \{\{x_1, x_4, x_6, x_7\}, \{x_2, x_3, x_5, x_8\}\}$。

2.2.6　基本知識與關係

如果 $X \subset R$，並且 R 爲一個等價關係，當 X 能使用 R 屬性集合加以確切地描述時，就可以使用某些 R 基本集合的聯集關係加以表示，此時稱 X 是 R 中可以定義的；否則，X 爲 R 中不可定義的。

在 U 中，如果 R 可以定義集合是論域的子集合，表示在知識庫中被精確地定義，此時稱 R 爲精確集。如果不能被定義，則稱 R 爲粗糙集。

例題 2-17　由例題 2-14 中定義三個屬性與各個元素：出生地 R_1、性別 R_2 及職業 R_3。

由 $U = \{$王, 小林, 安倍, 李, 張, 山口, 陳, 鈴木, 鄭, 德田, 金$\}$

$= \{x_1, x_2, x_3, x_4, x_5, x_6, x_7, x_8, x_9, x_{10}, x_{11}\}$ 中的屬性，可以得到三種分類：

$U \mid R_1 = \{\{x_1, x_4, x_5, x_7, x_9\}, \{x_2, x_3, x_6, x_8, x_{10}\}, \{x_{11}\}\}$ 。

$U \mid R_2 = \{\{x_2, x_4, x_6, x_7, x_9, x_{10}\}, \{x_1, x_3, x_5, x_8, x_{11}\}\}$ 。

$U \mid R_3 = \{\{x_2, x_4, x_5, x_6, x_9, x_{10}\}, \{x_1, x_7, x_8\}, \{x_3, x_{11}\}\}$ 。

這些等價類可以從 $U \mid R_1$ 與 $U \mid R_2$ 可以得到下列的集合：

1. $\{x_1, x_4, x_5, x_7, x_9\} \cap \{x_2, x_4, x_6, x_7, x_9, x_{10}\} = \{x_4, x_7, x_9\}$：男台灣人。

2. $\{x_1, x_4, x_5, x_7, x_9\} \cap \{x_1, x_3, x_5, x_8, x_{11}\} = \{x_1, x_5\}$：女台灣人。

3. $\{x_2, x_3, x_6, x_8, x_{10}\} \cap \{x_1, x_3, x_5, x_8\} = \{x_3\}$：女日本人。

4. $\{x_{11}\} \cap \{x_1, x_3, x_5, x_8, x_{11}\} = \{x_{11}\}$：女韓國人。

同樣地可以利用 $\{R_1, R_2\}$ 而得到基本範疇。

如果在 $\{R_1, R_2, R_3\}$ 之中，可以得到：

1. $\{x_1, x_4, x_5, x_7, x_9\} \cap \{x_2, x_4, x_6, x_7, x_9, x_{10}\} \cap \{x_2, x_4, x_5, x_6, x_9, x_{10}\} = \{x_4, x_9\}$：台灣男學生。

2. $\{x_1, x_4, x_5, x_7, x_9\} \cap \{x_1, x_3, x_5, x_8, x_{11}\} \cap \{x_2, x_4, x_5, x_6, x_9, x_{10}\} = \{x_5\}$：台灣女學生。

3. $\{x_1, x_4, x_5, x_7, x_9\} \cap \{x_2, x_4, x_6, x_7, x_9, x_{10}\} \cap \{x_1, x_7, x_8\} = \{x_7\}$：台灣男教師。

4. $\{x_2, x_3, x_6, x_8, x_{10}\} \cap \{x_1, x_3, x_5, x_8, x_{11}\} \cap \{x_3, x_{11}\} = \{x_3\}$：日本女性待業者。

有時候，也會有如下例的空集合產生：

1. $\{x_1, x_4, x_5, x_7, x_9\} \cap \{x_3, x_{11}\} = \phi$：待業的台灣人。

2. $\{x_1, x_4, x_5, x_7, x_9\} \cap \{x_1, x_3, x_5, x_8, x_{11}\} \cap \{x_3, x_{11}\} = \phi$：待業

的台灣女人。

意思是說不存在以上的知識，即稱爲空範圍。又例如下列的集合（植基於 $\{R_1\}$），可以得知：

1. $\{x_1, x_4, x_5, x_7, x_9\} \cup \{x_2, x_3, x_6, x_8, x_{10}\} = \{x_1, x_2, x_3, x_4, x_5, x_6, x_7, x_8, x_9, x_{10}\}$：台灣人或日本人（非韓國人）。

2. $\{x_1, x_4, x_5, x_7, x_9\} \cup \{x_{11}\} = \{x_1, x_4, x_5, x_7, x_9, x_{11}\}$：台灣人或韓國人（非日本人）。

3. $\{x_2 \, x_3, x_6, x_8, x_{10}\} \cup \{x_{11}\} = \{x_2, x_3, x_5, x_8, x_{10}, x_{11}\}$：日本人或韓國人（非台灣人）。

2.3　粗糙集的範疇

在上一節中所提到的等價關係主要是用來劃分等分類，而能夠全部被分類的集合爲「可定義的」，不能全部被分類的集合爲「不可定義的」。但是如果不能全部被分類的集合，又可以近似方式給與分類的話，就是所謂的粗糙集。

2.3.1　上近似集（upper approximations）和下近似集（lower approximations）

在粗糙集中，我們根據屬性 R 的可定義集合，對於每個 $x \in X$ 的集合可以討論它們不可分辨的等價類的情況。假設給定知識庫對與每

個子集合 $X \in U$ 和一個等價關係，可以根據 R 的基本集合的描述劃分集合 X，在粗糙集中，以兩個精確集做近似的定義，稱為上近似集和下近似集。

1. 下近似集

$$\underline{R}(X) = \{x \in U : [x]_R \subseteq X\} \text{，}$$

$$[x]_R = \{y \mid xRy\} = \bigcup \{[x]_R \in \frac{U}{R} \mid [x]_R \subseteq X\} \qquad （2\text{-}15）$$

$$\underline{R}(X) = \bigcup \{Y_i \in U \mid ind(R) : Y_i \subseteq X\}$$

$$= \bigcup \{Y_i \in U / R : Y_i \subseteq X\} \qquad （2\text{-}16）$$

2. 上近似集

$$\overline{R}(X) = \{x \in U : [x]_R \cap X \neq \phi\} \text{，}$$

$$[x]_R = \{y \mid xRy\} = \bigcup \{[x]_R \in \frac{U}{R} \mid [x]_R \bigcap X \neq 0\} \qquad （2\text{-}17）$$

$$\overline{R}(X) = \bigcup \{Y_i \in U \mid ind(R) : Y_i \cap X \neq \phi\}$$

$$= \bigcup \{Y_i \in U / R : Y_i \cap X \neq \phi\} \qquad （2\text{-}18）$$

其中：(1)Y_i 是為了衡量基於 R 的基本集合的描述，

(2)Y_i 是精確地說明 X 中對象的歸屬度情況。

簡單的說，就是在使用屬性集合 R 時，所代表的是：

1. 下近似集代表在所有 y 決策下完全（一定是）被分類為等類的 x 元素集合。

2. 上近似集代表在所有 y 決策下有可能（任一存在即可）被分類為等

類的 x 元素集合。

2.3.2 正域、負域及邊界

在 $[x]_R \subseteq X, x \in \underline{R}(X)$ 及 $[x]_R \bigcap X \neq \phi, x \in \overline{R}(X)$ 之下，定義

1. X 的 R 正域（positive）：所謂的正域 $pos_R(X)$ 或者 X 的下近似集 $\underline{R}(X)$ 是根據 R，U 中能夠完全確定地歸入集合 X 的元素的集合。

$$pos_R(X) = \underline{R}(X) \qquad （2\text{-}19）$$

2. X 的 R 負域（negative）：負域 $neg_R(X)$ 也是根據 R，U 中不能確定一定是屬於集合 X 的元素的集合

$$neg_R(X) = U - \overline{R}(X) \qquad （2\text{-}20）$$

3. 邊界（boundary）：所謂的邊界是根據知識 R，既不能肯定歸入 X，也不能肯定歸入 X 的元素的集合，以（2-21）式表示。

$$bn_R(X) = \overline{R}(X) - \underline{R}(X) \qquad （2\text{-}21）$$

如果 $\underline{R}(X) \neq \overline{R}(X)$，則稱 X 為粗糙集之邊界，否則稱無邊界存在。另外，從形式上來看，上近似集就是正域和邊界域的聯集，所以可以表示為

$$\overline{R}(X) = pos_R(X) \bigcup bn_R(X) \qquad\qquad （2\text{-}22）$$

以上的說明可以利用圖 2-5 簡單地加以描述。

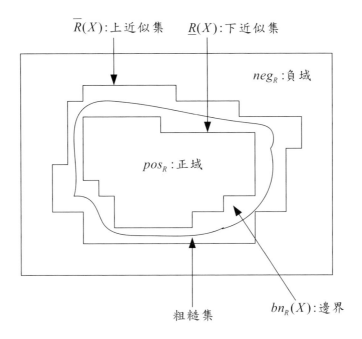

圖 2-5　粗糙集的基本概念圖

例題 2-18　相同於例題 2-13 的血型分類

A={(王 , a), (小林 , a), (安倍 , a), (李 , a), (張 , b), (山口 , b), (陳 , b), (鈴木 , ab), (鄭 , ab), (德田 , ab), (金 , o)} $\supseteq$ $A \times B$。如果以血型加以分類的話，可以得到具有「相同血型」關係的等價類如下：

A_a = {(王 , a), (小林 , a), (安倍 , a), (李 , a)}

$$\Rightarrow Y_a = \{x_1, x_2, x_3, x_4\}$$

$$A_b = \{(\text{張}, b), (\text{山口}, b), (\text{陳}, b)\} \Rightarrow Y_b = \{x_5, x_6, x_7\}$$

$$A_{ab} = \{(\text{鈴木}, ab), (\text{鄭}, ab), (\text{德田}, ab)\}$$

$$\Rightarrow Y_{ab} = \{x_8, x_9, x_{10}\}$$

$$A_o = \{(\text{金}, o)\} \Rightarrow Y_o = \{x_{11}\}$$

這樣以「相同血型」的關係可以分出四個等價類。假設由某種屬性定義（病狀）的一個分類的集合為 $X = \{x_1, x_5, x_7, \}$，因為沒有一個 Y_a、Y_b、Y_{ab} 及 Y_o 可以完全包含在 X 中，所以 $\underline{R}(X) = \phi$，因此可以得到：

$$\overline{R}(X) = \{x_1, x_2, x_3, x_4, x_5, x_6, x_7\}$$

$$\underline{R}(X) = Y_3 = \{x_8\} = \{x_1, x_2, x_3, x_4, x_5, x_6, x_7\}$$

$$neg_R(X) = U - \overline{R}(x) = \{x_8, x_9, x_{10}, x_{11}\}$$

2.3.3 近似精確度與粗糙度

集合中範疇定義的不確定性是由於邊界域的存在而引起的，為了能夠更精確地表示這種粗糙近似精度的概念，本節引入一個數值量度的公式。

假設 $X \subseteq U$，$X \neq 0$，則近似分類精確度為

$$\alpha_R(X) = \frac{card(\underline{R}(X))}{card(\overline{R}(x))} = \left| \frac{\underline{R}(X)}{\overline{R}(x)} \right|, \quad Y_1 \cap X = \phi \qquad （2\text{-}23）$$

因為 $\underline{R}(X) \subseteq \overline{R}(X)$，所以 $card(\underline{R}(X)) \leq card(\overline{R}(X))$

1. 當 $\alpha_R(X) = 1$ 時，$\underline{R}(X) = \overline{R}(x)$，則 $bn_R(X) = 0$，X 的 R 邊界域為空，集合 X 為 R 可定義的，X 稱為精確可定義的。

2. 當 $\alpha_R(X) < 1$ 時，集合 X 有非空邊界域，該集合為 R 不可定義的。

此外兩個集合間的距離，又稱為粗糙度，也可以定義為

$$d(\underline{R}(X), \overline{R}(x)) = 1 - \frac{card(\underline{R}(X))}{card(\overline{R}(x))} = \frac{|\underline{R}(X)|}{|U|} = 1 - \alpha_R(x) \quad （2\text{-}24）$$

（2-24）式的度量方式被稱為 Marczewski-Steinhaus 測度（MZ 測度）。另外還有一種稱為近似分類質量的定義也是可以參考的。

$$r_R(X) = \frac{card(\underline{R}(X))}{card(U)} = \frac{|\underline{R}(X)|}{|U|} \quad （2\text{-}25）$$

例題 2-19 $U = \{$ 王, 小林, 安倍, 李, 張, 山口, 陳, 鈴木, 鄭, 德田, 金 $\}$
$= \{x_1, x_2, x_3, x_4, x_5, x_6, x_7, x_8, x_9, x_{10}, x_{11}\}$ 中的屬性，

根據出生地分類屬性，可以得到

$U \mid R_1 = \{\{x_1, x_4, x_5, x_7, x_9\}, \{x_2, x_3, x_6, x_8, x_{10}\}, \{x_{11}\}\}$：根據出生地分類

$Y_1 = \{x_1, x_4, x_5, x_7, x_9\}$：台灣人

$Y_2 = \{x_2, x_3, x_6, x_8, x_{10}\}$：日本人

$Y_3 = \{x_{11}\}$：韓國人

1. 假設由某種屬性定義的一個分類的集合為：$X = \{x_1,$

$x_4\} = \{$ 王 , 李 $\}$，則 $Y_1, Y_2, Y_3 \not\subset X$。所以 $\underline{R}(X) = \phi$，

$pos_R(X) = \underline{R}(X) = \phi$：無法分類。

又 $Y_1 \bigcap X = \{x_1, x_4\} \neq \phi$，而 $Y_2 \bigcap X = \phi$，$Y_3 \bigcap X = \phi$。

所以：$\overline{R}(X) = Y_1 = \{x_1, x_4, x_5, x_7, x_9\}$，代入近似分類精確度公式中，可以得到：

$$\alpha_R(X) = \frac{card(\underline{R}(X))}{card(\overline{R}(X))} = \frac{|\underline{R}(X)|}{|\overline{R}(X)|} = \frac{0}{5} = 0$$

因此粗糙度為 $d(\underline{R}(X), \overline{R}(X)) = 1 - \alpha_R(X) = 1$。

2. 假設將屬性定義的分類的集合改為：$X = \{x_3, x_1\} = \{$ 安倍，金 $\}$，則 $Y_1, Y_2 \not\subset X$，$Y_3 \subset X$。所以 $\underline{R}(X) = Y_3 = \{x_{11}\}$，可以確定 $\{x_{11}\} = \{$ 金 $\}$ 的類型。又因為 $Y_3 \cap X = \{x_{11}\} \neq \phi$，$Y_2 \cap X = \{x_3\} = \phi$，$Y_1 \cap X = \phi$。

所以：$\overline{R}(X) = Y_2 \cup Y_3 = \{x_2, x_3, x_6, x_8, x_{10}, x_{11}\}$，代入近似分類精確度公式中，可以得到：

$$\alpha_R(X) = \frac{card(\underline{R}(X))}{card(\overline{R}(X))} = \frac{|\underline{R}(X)|}{|\overline{R}(X)|} = \frac{1}{6}$$

因此粗糙度為 $d(\underline{R}(X), \overline{R}(X)) = 1 - \alpha_R(X) = 1 - \frac{1}{6} = \frac{5}{6}$

　　從以上的例題可以發現粗糙集、機率論及模糊理論的不同點是粗糙集的不精確性數值不是事先假定的，都是根據實際上表達知識不正確性的概念近似計算時所產生的。不精確性的數值主要表示對象分類能力的程度，所以只要採用量化的概念（分類）加以處理，以不精確性的數值特性表達概念的精確度即可。

2.3.4 粗糙集與粒度的關係

在圖 2-6 中表示隨著知識粒度大小的變化，下近似集數值、上近似集數值和邊界數值所產生的變化，分別反映了同一待分類的知識在粗粒度、中粒度及細粒度的知識背景下分類的情況。由數值的計算結果，也可以看出背景知識越細，邊界越小，則明確屬於和不屬於的成分越大，亦即粗糙的程度越低，這就是粗糙集理論以「粗糙」為名的原因。

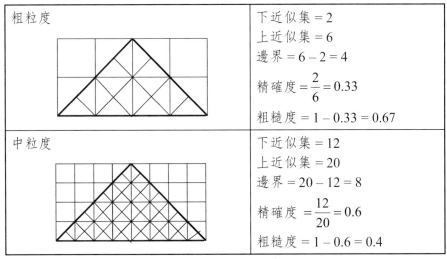

粗粒度	下近似集 $= 2$ 上近似集 $= 6$ 邊界 $= 6 - 2 = 4$ 精確度 $= \dfrac{2}{6} = 0.33$ 粗糙度 $= 1 - 0.33 = 0.67$
中粒度	下近似集 $= 12$ 上近似集 $= 20$ 邊界 $= 20 - 12 = 8$ 精確度 $= \dfrac{12}{20} = 0.6$ 粗糙度 $= 1 - 0.6 = 0.4$

圖 2-6　粒度的比較

2.3.5 粗糙集歸屬函數（rough membership function）

在粗糙集中也定義了一個和模糊歸屬度類似的數學函數，稱為粗糙集歸屬函數，表示全集合中的元素屬於一個給定集合的程度大小值。借用關係 R 可以定義粗糙集的歸屬函數，亦即如果有一子集合 X $\subseteq U$，定義元素 a 對集合 X 歸屬函數為

$$\mu_X(x) = \frac{card([x]_R \cap X)}{card([x]_R)} = \frac{card(X \cap R(x))}{card(R(x))} \qquad （2\text{-}26）$$

其中：1. $card$ 為取集合中元素的個數。

2. $[x]_R = R(x) = \{y : (y \in)) \wedge (yRx)\}$ 表示與 a 不可分辨的對象所組成之集合，而 $R(x)$ 是包含 x 的類。

3. $\mu_X(x) \in [0,1]$。

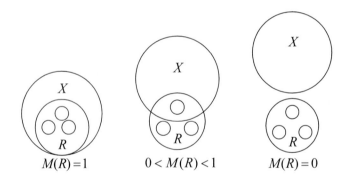

圖 2-7　粗糙集歸屬函數的圖解

　　粗糙集歸屬函數主要的目的是在解釋以 R 等價類分配的近似集合，x 元素是否被正確的分類。如果 $\mu_X(x)$ 接近 1，代表分類與決策表是相當一致的。

　　此外，粗糙集歸屬函數也可以解釋為一個係數，可以表示為一個 $X \in U$ 是 X 的成員的不精確性。利用上述的粗糙集歸屬函數的新概念，可以得到以下的定義。

1. 下近似集合：$\underline{R}(X) = \{x \in U : \mu_X(x) = 1\}$。

2. 上近似集合：$\overline{R}(X) = \{x \in U : \mu_X(x) > 0\}$。

3. 邊界域：$bn_R(X) = \{x \in U : 0 < \mu_X(x) < 1\}$。

4. 正域：$pos_R(X) = \{x \in U : \mu_X(x) = 1\}$。

5. 負域：$neg_R(X) = \{x \in U : \mu_X(x) = 0\}$。

例題 2-21 　某玩具公司出產變形金剛玩具八種，條件屬性爲顏色、大小比例及價格三種，決策屬性爲銷售量，如表 2-3 所示，求粗糙集歸屬函數。

表 2-3　變形金剛玩具資訊系統表

屬性與對象	條件屬性			決策屬性
	顏色 a_1	大小比例 a_2	價格 a_3	銷售量 D
x_1	紅色	1：8	中	不好
x_2	黑色	1：6	低	好
x_3	銀灰色	1：6	中	好
x_4	銀灰色	1：8	高	不好
x_5	黑色	1：10	中	好
x_6	紅色	1：6	低	不好
x_7	銀灰色	1：6	中	好
x_8	黑色	1：10	中	不好

解：根據定義求出等價關係，由於一個屬性相當於一個等價關係，因此共有三個屬性，一個決策屬性，可以分類爲

1. $\dfrac{U}{a_1} = \{\{x_1, x_6\}, \{x_2, x_5, x_8\}, \{x_3, x_4, x_7\}\}$。

2. $\dfrac{U}{a_2} = \{\{x_1, x_4\}, \{x_2, x_3, x_6, x_7\}, \{x_5, x_8\}\}$。

3. $\dfrac{U}{a_3} = \{\{x_1, x_3, x_5, x_7, x_8\}, \{x_2, x_6\}, \{x_4\}\}$。

4. 對全條件屬性為

$$\frac{U}{C} = \frac{U}{\{a_1, a_2, a_3\}} = \{\{x_1\}, \{x_2\}, \{x_3, x_7\}, \{x_4\}, \{x_5, x_8\}, \{x_6\}\}。$$

5. 對決策屬性為 $\dfrac{U}{D} = \{\{x_1, x_4, x_6, x_8\}, \{x_2, x_3, x_5, x_7\}\} = \{X_1, X_2\}$。其次求出其相對 X_1 及 X_2 的下近似集及上近似集。

(1) 相對於 $\{X_1\}$ 的粗糙集的下近似集 $\underline{R}(X_1)$ 及上近似集 $\overline{R}(X_1)$ 為

$\underline{R}(X_1) = \{x_1, x_4, x_6\}$。

$\overline{R}(X_1) = \{x_1\} \cup \{x_4\} \cup \{x_5, x_8\} \cup \{x_6\} = \{x_1, x_4, x_5, x_6, x_8\}$。

所以：$bn_R(X_1) = \overline{R}(X_1) - \underline{R}(X_1) = \{x_5, x_8\}$。

(2) 相對於 $\{X_2\}$ 的粗糙集的下近似集 $\underline{R}(X_2)$ 及上近似集 $\overline{R}(X_2)$ 為

$\underline{R}(X_2) = \{x_2, x_3, x_7\}$。

$\overline{R}(X_2) = \{x_2\} \cup \{x_3, x_7\} \cup \{x_5, x_8\} = \{x_2, x_3, x_5, x_7, x_8\}$。

所以：$bn_R(X_2) = \overline{R}(X_2) - \underline{R}(X_2) = \{x_5, x_8\}$。

而粗糙集的歸屬函數為

(1) 由相對於 $\{X_1\}$ 的粗糙集的下近似集 $\underline{R}(X_1) = \{x_1, x_4, x_6\}$ 中，根據公式可以得到：

$\mu_{X_1}(x_1) = \mu_{X_1}(x_4) = \mu_{X_1}(x_6) = 1$，

$\mu_{X_1}(x_2) = \mu_{X_1}(x_3) = \mu_{X_1}(x_7) = 0$，

$\mu_{X_1}(x_5) = \mu_{X_1}(x_8) = 0.5$ 。

(2) 由相對於 $\{X_2\}$ 的粗糙集的下近似集 $\underline{R}(X_2) = \{x_2, x_3, x_7\}$ ，同樣得到：

$\mu_{X_2}(x_2) = \mu_{X_2}(x_3) = \mu_{X_2}(x_7) = 1$ ，

$\mu_{X_2}(x_1) = \mu_{X_2}(x_4) = \mu_{X_2}(x_6) = 0$ ，

$\mu_{X_2}(x_5) = \mu_{X_2}(x_8) = 0.5$ 。

第 *3* 章

粗糙集的數學模型

　　基於邊界域的思想，波蘭學者 Zdzislaw Pawlak 提出了粗糙集的概念，因而成爲粗糙集理論的奠基人。在粗糙集理論中，認爲人類智能的重要表現形式之一就是分類（classification），而分類也就是所謂的推理（inference），是學習及決策中的關鍵。由於各種分類模式是對具體世界的對象按照不同屬性取值，此種分類的結果，會形成對具體世界在認識上的一種抽象概念，這就是眾所皆知的知識，而其中的同類稱爲等價關係。在粗糙集理論中，這種在某些特定的屬性子集合上，具有相同的資訊，但是無法分辨的數據對象所形成的集合，被稱爲不可分辨等價類。因此，不可分辨等價關係就成爲了粗糙集理論中非常重要的數學基礎。根據粗糙集理論的觀念，概念是對象的集合，而概念的族集合就是分類，分類就是 U 上的知識，而分類所得到的族集合就稱爲知識庫。也就是說知識庫就是分類方法的集合。

3.1　知識資訊系統與決策表

　　根據前面二個章節的說明，一個知識庫 $K = (U, R)$ 是一個關係系統或者說是（二元組）；其中 $U \neq \phi$，如果分類屬性 R 爲可以定義集合是論域 $U = \{x_1, x_2, x_3, \cdots, x_n\}$ 的子集合，則可以在知識庫 K 中被精確地定義。反之，則不能在這個知識庫 K 中被定義。此時如果存在一個等價關係 $R \in ind(K)$ 時，並且另一個分類屬性集合 $X \subseteq U$ 爲 R 精確集，則稱集合 X 爲 K 中的精確集。如果 X 爲 R 粗糙集時，則稱集合 X 爲 K 中的粗糙集。

　　在本章中首先定義粗糙集的一些名詞，接著說明相關的數學。

1. 資訊系統（information system, *IS*）

$$IS = (U, X) \tag{3-1}$$

其中：$U = \{x_1, x_2, x_3, \cdots, x_n\}$ 稱為全集合（a finite set of objects）。

$X = \{a_1, a_2, a_3, \cdots, a_m\}$ 稱為屬性集（attributes set）。

2. 資訊函數（information function）

$$f_a : U \times X \rightarrow V_a \tag{3-2}$$

其中：V_a 為在屬性 a 的出現值的集合，也稱為屬性 a 的值域（domain）。簡單地說，就是 f_a 代表將 U 中的物元 x_i 在屬性 a 的對應值。

3.1.1 知識資訊系統

根據以上的說明，知識的資訊系統 *IS* 此一專有名詞出現於 Zdzislaw Pawlak 所提出的粗糙集理論中。形式上，一個知識資訊系統（知識表或決策表）是四元組，可以表示為

$$S = (U, R, V, f) = <U, R, V_r, f_r>_{r \in R} \tag{3-3}$$

其中：1. U：論域；為對象（事例）的非空有限集合，寫成 $U = \{x_1, x_2, x_3, \cdots, x_n\}$。

2. R：屬性的非空有限集合，寫成 $R = \{R_1, R_2, R_3, \cdots, R_m\}$。

3. $V = \bigcup_{r \in R} V_r$，$V_r$ 是表示屬性 r 的值域，亦即屬性 r 的值範圍，寫成 $V = \{V_1, V_2, V_3, \cdots, V_m\}$，其中 V_i 是屬性 R_i 的值域。

4. $f : U \times R \to V$ 是一個資訊函數，指定了 U 中的每一個對象 x 的屬性，亦即對 $\forall x \in Rr \in R$ 時有 $f(x, r) \in V_r$。

而通常 $S = (U, R, V, f)$ 也可以簡單的寫成 $S = (U, R)$。

在知識資訊系統中，要處理的對象可能是使用數據表達的，也可能是只使用語言方式加以描述，也有可能是很精確的數據，或者是不很精確的數據，甚至是一些模糊值或者是有疑問的資訊。這些數據都是必須經過 AI 工作人員的處理後才能使用，所以統稱為智能數據。

從 $S = (U, R, V, f)$ 中，因為可以根據任意屬性或者屬性集合對論域 U 進行劃分，尋找 R 上屬性集合，因此一個任意屬性都可以看成是 U 上的一個等價關係。而屬性集合 R 的所有等價類集合則稱為基本知識，相對應的等價類則稱為基本概念。而 AI 工作人員經常將這個近似空間表示為二維形式的數據庫，如表 3-1 中的醫療診斷系統部分數據即為實例，表 3-1 表示一個近似空間，也是一個常見的資訊系統的例子。此外在專家系統，機器學習，模式識別，感性工學分析、設計，股票數據分析及控制領域等等，都可以利用粗糙集的方式建構相對的表格。在粗糙集理論內的知識，每一種類別都會對應於每一個概念，如果某些知識中含有不精確，那麼這知識就不精確了。粗糙集理論就是針對這不精確概念的描述方法，利用下近似集和上近似集的方式加以表達的一個新興數學方法。

例題 **3-1** 如表 3-1 的醫療診斷系統部分數據表格，利用前面章節的定義與公式將不可分辨集合、下近似集合、上近似集合、正域、負域及邊界域等加以整理。

表 3-1　醫療診斷系統部分數據表格

R/U	頭痛（a_1）	流鼻水（a_2）	體溫（a_3）	感冒 D
x_1	是	是	正常	否
x_2	是	是	高	是
x_3	是	是	很高	是
x_4	否	是	正常	否
x_5	否	否	高	否
x_6	否	是	很高	是

解：從表 3-1 醫療診斷系統部分數據的表格，可以得到

$U = \{x_1, x_2, x_3, x_4, x_5, x_6\}$。

$U /$ 頭痛的 $= \{\{x_1, x_2, x_3\}, \{x_4, x_5, x_6\}\} = \{\,$是 , 否 $\}$。

$U /$ 流鼻水 $= \{\{x_1, x_2, x_3, x_4, x_6\}, \{x_5\}\} = \{\,$是 , 否 $\}$。

$U /$ 體溫 $= \{\{x_1, x_4\}, \{x_2, x_5\}, \{x_3, x_6\}\} = \{\,$正常 , 高 , 很高 $\}$。

$U /$ 頭痛和流鼻水 $= \{\{x_1, x_2, x_3\}, \{x_4, x_6\}, \{x_5\}\}$

$= \{\,$頭痛又流鼻水 , 不頭痛卻流鼻水 , 不頭痛也不流鼻水 $\}$。

$\{X_1, X_2\} = U /$ 感冒 $= \{\{x_1, x_4, x_5\}, \{x_2, x_3, x_6\}\} = \{\,$否 , 是 $\}$。

如果另一個集合 $Y = \{x_2, x_3, x_5\}$ 是 R 的粗糙集，其中 $R = \{\,$頭痛 , 流鼻水 $\}$，那麼 $U / ind\,(R) = \{\{x_1, x_2, x_3\}, \{x_4, x_6\}, \{x_5\}\}$。

令 $R_1 = \{x_1, x_2, x_3\}$，$R_2 = \{x_4, x_6\}$，$R_3 = \{x_5\}$，則

$Y \bigcap R_1 = \{x_2, x_3\} \neq \phi$ ；$Y \bigcap R_2 = \phi$ ；$Y \bigcap R_3 = R_3 = \{x_5\} \neq \phi$。

可以得到

1. 下近似集：$\underline{R}(Y) = R_3 = \{x_5\}$。
2. 上近似集：$\overline{R}(Y) = R_1 \bigcup R_3 = \{x_1, x_2, x_3, x_5\}$。
3. 正域：$pos_R(Y) = \underline{R}(Y) = \{x_5\}$。
4. 負域：$neg_R = U - \overline{R}(Y) = \{x_4, x_6\}$。
5. 邊界域：$bn_R(Y) = R_1 = \{x_1, x_2, x_3\}$。

所以：$\alpha_R = \dfrac{card(\underline{R}(Y))}{card(\overline{R}(Y))} = \dfrac{1}{4}$，$d(\underline{R}(Y), \overline{R}(Y)) = 1 - \alpha(Y) = \dfrac{3}{4}$。

3.1.2　決策表

如果屬性集合 R 可以進一步分解為條件屬性集合 C 和決屬性集合 D，並且滿足

$$R = C \bigcup D,\ C \bigcap D = \phi,\ D \neq \phi \tag{3-4}$$

則該知識資訊系統 IS 也可以稱為決策系統 DS 或者決策。

如果決策表的決策屬性集合只包含一個屬性，這樣的決策表稱為單一決策，兩個屬性以上則稱為多決策的。在多決策處理工作時，可以轉換成單一決策處理工作。方式為如果決策表 $S = (U, R, V, f) = (U, C \cup D, V, f)D = \{d_1, d_2, d_3, \cdots, d_m\}$，可以將此一決策表分解成 m 個不同的單一決策表加以分析。

由以上的說明，可以了解所謂根據粗糙集理論進行的知識資訊系統，主要處理步驟為：

1. 根據屬性值可以表徵對象集合。

2. 發現屬性之間的（完全或部分）相關性。

3. 數據的約簡及規則的約簡。

4. 發現最重要的屬性（稱爲核）。

5. 生成決策規則。

例題 3-2 某一知識表達系統爲某些動物的特徵，如表 3-2 所示。

表 3-2　某些動物的知識表達系統

屬性及對象	條件屬性 C			決策屬性 D
動物	形態	顏色	種類	狀態
x_1	中	黑色	狗	家畜
x_2	小	褐色	狐	野生
x_3	中	淡赤	豬	家畜
x_4	中	棕色	狸	野生
x_5	小	白色	貓	家畜
x_6	大	雜色	虎	野生

例題 3-3 小汽船的知識表達系統，如表 3-3 所示。

表 3-3　一個小汽船的知識表達系統

屬性及對象	條件屬性 C			決策屬性 D	
U(小汽船)	a(類型)	b(機型)	c(顏色)	d(速度)	e(加速)
x_1	中	柴油	灰	中	差
x_2	小	汽油	白	高	極好
x_3	大	柴油	黑	高	好
x_4	中	汽油	黑	中	極好
x_5	中	柴油	灰	低	好
x_6	大	瓦斯	黑	高	好
x_7	大	汽油	白	高	極好
x_8	小	汽油	白	低	好

例題 3-4　某種精密機械效能評估決策表，如表 3-4 所示。

表 3-4　某種精密機械的效能評估決策表

屬性及對象	條件屬性 C				決策屬性 D
編號	重要度	使用壽命	使用期限	經濟性	效能評估
x_1	大	長	短	中	是
x_2	大	中	中	低	是
x_3	中	長	中	高	否
x_4	中	中	中	高	否
x_5	小	中	長	低	否
x_6	大	長	短	中	是

3.2 離散化方法

在決策問題中，內部資訊的屬性往往是連續的，如果要利用粗糙集加以分析，則必須先行轉化成離散的形態，才可以分析，因此如何將連續的屬性離散化，為使用粗糙集的主要前提。

所謂離散化，就是將連續的屬性利用數學方法轉化成離散的形態。在本質上就是利用主觀所選取的斷點，對條件屬性所構成的空間進行劃分，形成有限個區域，並且使每一個區域中對象的決策值均相同。到目前為止，連續的屬性離散化的方法相當的多，不同的離散化方法會產生不同的結果，但是不管使用何種方法，必須滿足以下兩種需求。

1. 離散化後的空間維度儘量減少，經由離散化後的每一個屬性應減至最低。

2. 離散化後的屬性損失資訊量儘量減少。

如果把屬性值的定性和定量描述都稱為連續值，則粗糙集方法中此種整理數據的方法，稱為離散正規化。因為粗糙集方法一定要將這些連續值轉換為數據庫，並且從數據庫中求取有用的資訊，進而發現知識，推理而得到決策規則，然後將這些決策規則再應用於實際的系統上。目前離散化的方法有許多種，在本書中僅僅介紹兩種常用的等間距離散化方式。

3.2.1　等間距離散化（equal interval width）

等間距劃分方法主要是將連續屬性值 V，主觀地分成 k 個等間距的區域，數學模式為

$$t = \frac{V_{max.} - V_{min.}}{k} \tag{3-5}$$

其中：$V_{max.}$：連續屬性之最大值；$V_{min.}$：連續屬性之最小值。

亦即屬性值的域為 $[V_{max.}, V_{min.}]$。

經由離散正規化的結果，可以得到一個對屬性值的區域。

$$\{[d_0, d_1], [d_1, d_2], \cdots, [d_{k-1}, d_k]\} \tag{3-6}$$

其中：$d_0 = V_{min}$，$d_k = V_{max}$，$d_{i-1} < d_i$，$i = 1, 2, 3, \cdots, k$，k 稱為離散正規化的級（grade）。

例題 3-5　某公司肉包銷售量如表 3-5 所示。

表 3-5　某公司肉包銷售量

年別	肉包銷售量（個）
2014	45,000
2015	47,000
2016	75,000
2017	100,000
2018	120,000

以等間距離散化方式得到離散化之數值範圍，如表 3-6 所示。

表 3-6　離散化之數值範圍

離散化之數值範圍	離散化後之數值
30,000～45,000	1
45001～60,000	2
60,001～75,000	3
75,001～90,000	4
90,001～105,000	5
105,001～120,000	6

可以得到某公司肉包銷售量的等間距離散化之結果，如表 3-7 所示。

表 3-7　等間距離散化之結果

年度	離散化後之數值
2014	1
2015	2
2016	3
2017	5
2018	6

例題 3-6　某醫院子宮頸癌病患之診斷基本資料，在各項分析指標中，年齡為第一項，以等間距離散化之觀念共分成六群：

20 歲以下、20 歲至 30 歲、30 歲至 40 歲、40 歲至 50 歲、
50 歲至 60 歲及 60 歲以上。

表 3-8　子宮頸癌病患之診斷基本資料表

編號	病歷號	出生日期	年齡（歲）
1	00139847	1933/2/28	74
2	64621200	1988/7/16	19
3	35016401	1979/3/19	28
4	01638803	1971/11/15	36
5	10005832	1953/6/11	54
6	11142306	1968/5/18	39
7	12554059	1958/10/20	49
8	01647501	1969/9/28	38
9	02167144	1960/3/30	46

表 3-9　年齡離散化之數值範圍

離散化之數值範圍	離散化後之數值
20 歲以下	1
20 歲至 30 歲	2
30 歲至 40 歲	3
40 歲至 50 歲	4
50 歲至 60 歲	5
60 歲以上	6

表 3-10　等間距離散化之結果

編號	病歷號	年齡（歲）	離散化
1	00139847	74	6
2	64621200	19	1
3	35016401	28	2
4	01638803	36	3
5	10005832	54	5
6	11142306	39	3
7	12554059	49	4
8	01647501	38	3
9	02167144	46	4

3.2.2　*k*-means 分群法（clustering）

　　k-means 是由美國學者 J. B. Mac Queen 於 1967 年所提出，是最早的組群化計算技術。也是解決分群問題很常使用的方法，因為 *k*-means 的計算方式簡單，並且易於了解使用的特性，所以廣泛地使用在資料探勘的領域中。

　　k-means 方式主要目標是要在大量高維的資料點中找出具有代表性的資料點，這些資料點稱為是群中心（cluster centers），然後再根據這些群中心，進行後續的處理，即稱為 *k*-means 分群法。由於 *k*-means 分群法是屬於切割式分群法的一種，在每一回合的質心計算過程中，各資料物件都必須算出其最靠近的候選質心，因此在計算上所花的時間相當的大，此為 *k*-means 分群法的主要缺點。

　　而所謂的分群問題（clustering problem）就是假設有 *n* 個屬於 *d*

維空間原始資料的點，主要目的是要將原始資料分成 k 個群（k 為一整數），每個群之內的成員彼此相似的程度比其他群的成員還高。在做 k-means 分群法前，需要先指定要分成的群數 k，並且 $k \geqq 2$。每個聚集會有一個代表它的質心，分群的步驟如下：

1. 從資料集合中任意選取 k 個項目做爲質心，然後將所有的項目根據和質心之間的歐幾里得距離分配給最近的質心，形成相關的聚集。

2. 計算各聚集之新的質心，再將所有的項目分配給最近的剛產生的質心，如此重複直至所有的項目不會再由某一群移到另一群，使分群結果趨於穩定（收斂）爲止。

　　以下歸納 k-means 的基本演算法：

1. 決定要分群的個數 k（人爲指定，並且爲一固定值）。

2. 使用經驗法則或者隨機產生 k 個中心。

3. 將 n 個點分配至離其最近的中心。

4. 每一群將其所屬的點的座標加以平均，成爲該群新的中心座標。

5. 將每一群所屬的點與新的中心座標之距離加總，成爲新的 k-means error。

6. 重複步驟 3，直到某個停止條件爲止。

　　此一方法的時間複雜度在步驟 3，因爲每一個點都要與 k 個群計算距離，才能找出距離該點最近的群。並且每次都在 d 維空間內計算距離，所以需要相當多的時間。至於收斂的時間則由輸入的資料量、停止條件及 k 值的大小所決定。

例題 3-8 台灣地區旅遊景點指標之離散化

　　根據台灣觀光局之調查，台灣地區八個旅遊景點之評估因素共分成五項，分別爲觀賞性、文化性、科學性、環境性及休閒性，評比值離散化之數值範圍如表 3-11 所示。

表 3-11　台灣地區八個旅遊景點評比值離散化之數值範圍

正規化後之數值	離散化後之數值
0～0.25	1
0.36～0.50	2
0.51～0.75	3
0.76～1.0	4

經由問卷評比之結果，如表 3-12 所示。

表 3-12　台灣地區十個旅遊景點的評比值（10 分，望大）

編號	地點	觀賞性	文化性	科學性	環境性	休閒性
1	基隆野柳	9.3	7.2	5.2	7.0	7.8
2	桃園石門水庫	7.9	7.0	5.8	7.1	8.3
3	苗栗獅頭山	7.3	8.2	6.0	8.1	8.5
4	宜蘭拉拉山	8.0	8.4	5.2	6.2	9.2
5	花蓮太魯閣	9.0	9.0	5.9	6.1	8.3
6	台南曾文水庫	8.0	7.1	7.5	8.1	9.2
7	台東蘭嶼	9.0	8.8	6.5	7.3	8.8
8	高雄科工館	9.2	6.8	9.0	7.6	6.0

首先將表 3-12 的數值，以因子屬性的方向加以正規化，如表 3-13 所示。接著將表 3-13 的數值利用 *k*-means 離散化的方式，轉換成離散的狀態，可以得到台灣地區十個旅遊景點評比值的結果，如表 3-14 所示。

表 3-13　台灣地區十個旅遊景點的正規化值

編號	地點	觀賞性	文化性	科學性	環境性	休閒性
1	基隆野柳	1	0.8000	0.5778	0.8642	0.8478
2	桃園石門水庫	0.8495	0.7777	0.6444	0.8765	0.9021
3	苗栗獅頭山	0.7850	0.9111	0.6667	1	0.9239
4	宜蘭拉拉山	0.8602	0.9333	0.5778	0.7654	1
5	花蓮太魯閣	0.9677	1	0.6556	0.7530	0.9021
6	台南曾文水庫	0.8602	0.7888	0.8333	1	1
7	台東蘭嶼	0.9677	0.9777	0.7222	0.9012	0.9565
8	高雄科工館	0.9892	0.7555	1.0000	0.9388	0.6521

表 3-14　台灣地區十個旅遊景點評比值（k-means 離散化）

編號	地點	觀賞性	文化性	科學性	環境性	休閒性
1	基隆野柳	4	4	3	4	4
2	桃園石門水庫	4	3	3	4	4
3	苗栗獅頭山	4	4	3	4	4
4	宜蘭拉拉山	4	4	3	4	4
5	花蓮太魯閣	4	4	3	3	4
6	台南曾文水庫	4	4	4	4	4
7	台東蘭嶼	4	4	3	4	4
8	高雄科工館	4	4	4	4	3

3.3 知識的約簡

一般在談到知識中的有限範疇時，都會問到真的需要了解全部的知識嗎？但是在討論知識資訊系統和決策表的公式化時，有時候只要在保持知識庫的資訊下，想辦法消除知識庫中冗長的部分，了解所需要的資訊即可，這就是為什麼做知識約簡（reduct）的理由。為了往後的理論解析，本節首先對知識的約簡做形式化的定義，然後說明相關的做法。

3.3.1 可省略性（dispensable）與獨立性（independent）

U 為等價關係中的某一集合，存在著 X，並且 $X \subseteq U$ 中，如果

$$ind(U) = ind(U - X) \tag{3-7}$$

則稱 X 在 U 中為可省略的。反之，則稱 X 在 U 中為不可省略的，如（3-8）式所示。

$$ind(U) \neq ind(U - X) \tag{3-8}$$

同樣地，W 是一個等價關係族，並且 $R \in W$，如果

$$ind(W) = ind(W - \{R\}) \tag{3-9}$$

則稱 R 在 W 中為可省略的。否則 R 在 W 中為不可省略的，如（3-10）式所示。

$$ind(W) \neq ind(W - \{R\}) \qquad （3\text{-}10）$$

以上數學式所要說明的主要意思是，W 是我們討論的對象的屬性集合，如果在近似表達中有一些特徵作用並不是很大時，可以去掉這些屬性，結果是不會影響所討論的對象的表達。在多餘的屬性 R 去掉之後，其他剩下的屬性集合仍然保持著等價關係，因此 R 是可以省略，但是 W 是不可省略的。

例題 3-9　$U = \{x_1, x_2, x_3, x_4, x_5, x_6, x_7, x_8\}$，給定一集合 $W = \{P, Q, R\}$，其中等價關係 P、Q 及 R 中有下列的等價類。

表 3-15　等價關係表

屬性及對象	P	Q	R
x_1	1	1	1
x_2	2	2	2
x_3	3	1	3
x_4	1	2	3
x_5	1	1	1
x_6	4	3	4
x_7	4	2	2
x_8	2	2	2

解 ：由表 3-15 中得知

$U \mid P = \{\{x_1, x_4, x_5\}, \{x_2, x_8\}, \{x_3\}, \{x_6, x_7\}\}$。

$U \mid Q = \{\{x_1, x_3, x_5\}, \{x_2, x_4, x_7, x_8\}, \{x_6\}\}$。

$U \mid R = \{\{x_1, x_5\}, \{x_2, x_7, x_8\}, \{x_3, x_4\}, \{x_6\}\}$。

$ind\,(W) = ind\,(\{P, Q, R\}) = \{\{x_1, x_5\}, \{x_2, x_8\}, \{x_3\}, \{x_4\}, \{x_6\}, \{x_7\}\}$。

1. 因爲 $U \mid ind(W - P) = U \mid ind(\{Q, R\}) = \{\{x_1, x_5\}, \{x_2, x_7, x_8\}, \{x_3\},$ $\{x_4\}, \{x_6\}\} \neq U \mid idn(W)$，所以關係 P 爲 W 中是不可省略的。

2. 因爲 $U \mid ind(W - Q) = U \mid ind(\{P, R\}) = \{\{x_1, x_5\}, \{x_2, x_8\}, \{x_3\},$ $\{x_4\}, \{x_6\}, \{x_7\}\} = U \mid ind(W)$，所以關係 Q 爲 W 中是可省略的。

3. 因爲 $U \mid ind(W - R) = U \mid ind(\{P, Q\}) = \{\{x_1, x_5\}, \{x_2, x_8\}, \{x_3\},$ $\{x_4\}, \{x_6\}, \{x_7\}\} = U \mid ind(W)$，所以關係 R 爲 W 中是可省略的。

3.3.2 屬性的依賴度（dependents）

假設在決策系統中，C 與 D 分別表示條件屬性和決策屬性，此時決策屬性在條件屬性下的正區域可以定義爲

$$pos_C(D) = \bigcup_{X \in U/D} \underline{C}(X) \qquad （3\text{-}11）$$

（3-11）式表明 $pos_C(D)$ 爲根據 C 的知識所進行的劃分（U / C），能夠完全地劃入 U / C 類的對象集合。而所謂的「屬性的依賴度 $\gamma_c(D)$」，是表示在條件屬性 C 下，能夠完全地劃入決策在 U / C 的對象占全集合中總對象數的比率。換言之，就是決策屬性對條件屬性的

依賴程度。而在粗糙集中，決策屬性 D 對條件屬性 C 的依賴度定義為

$$\gamma_c(D) = \frac{|pos_C(D)|}{|U|} \qquad (3\text{-}12)$$

例題 3-10 計算變形金剛玩具的屬性依賴度（承例題 2-21）

解：將表 2-3 離散化時，主觀的決定方法如下：

1. 顏色部分：紅色為 1，銀灰色為 2，黑色為 3。

2. 大小比例部分：1:6 為 1，1:8 為 2，1:10 為 3。

3. 價格部分：低為 1，中為 2，高為 3。

4. 銷售量部分：不好為 1，好為 2。

如此可以得到整理後的新資訊系統表，如表 3-16 所示。

表 3-16　變形金剛玩具離散訊息系統表

屬性\\對象	條件屬性 C			決策屬性（D）
	顏色（a_1）	大小比例（a_2）	價格（a_3）	銷售量
x_1	1	2	2	1
x_2	3	1	1	2
x_3	2	1	2	2
x_4	2	2	3	1
x_5	3	3	2	2
x_6	1	1	1	1
x_7	2	1	2	2
x_8	3	3	2	1

$$\frac{U}{a_1} = \{\{x_1, x_6\}, \{x_3, x_4, x_7\}, \{x_2, x_5, x_8\}\} \, \text{。}$$

$$\frac{U}{a_2} = \{\{x_2, x_3, x_6, x_7\}, \{x_1, x_4\}, \{x_5, x_8\}\} \, \text{。}$$

$$\frac{U}{a_3} = \{\{x_2, x_6\}, \{x_1, x_3, x_5, x_7, x_8\}, \{x_4\}\} \, \text{。}$$

對條件屬性而言：

1. $\dfrac{U}{C} = \dfrac{U}{\{a_1, a_2, a_3\}} = \{\{x_1\}, \{x_2\}, \{x_3, x_7\}, \{x_4\}, \{x_5, x_8\}, \{x_6\}\}$ 。

2. 對決策屬性而言：$\dfrac{U}{D} = \{\{x_1, x_4, x_6, x_8\}, \{x_2, x_3, x_5 x_7\}\} = \{X_1, X_2\}$ ，

   因此正域爲：$pos_C(D) = \{x_1, x_2, x_3, x_4, x_6, x_7\}$ 。

3. 代入依賴度公式中，可以得到 $\gamma_c(D) = \dfrac{|pos_C(D)|}{|U|} = \dfrac{6}{8} = 0.75$ 。

3.3.3　粗糙集的約簡和核（core）

在實際的實務應用中，通常都會考慮在所要分析的資訊當中，各個屬性之間是否存在著某種相互依賴的關係，亦即是否可以從已知的知識中推導出另一個等價的知識？此種關係即稱爲屬性依賴。相對應地，在所分析的訊息當中，所取的屬性是否均爲必須的？能不能在保持原有的資訊系統分類能力之下，儘可能的除去多餘的知識，而達到相同的效果。換言之，在針對某一實際問題時，由於各個屬性的重要性並不一定相同，一般的做法是將某一屬性 a 從屬性因子群 C 中去除，看看它對 C 所產生的正域所影響的程度，如果沒有影響，則此

一屬性 a 為多餘的，可以被去除，依此類推，此類問題即稱為屬性約簡。如果 P 中所有約簡集合中，都包含不可省略關係的集合，則約簡集合 $red(P)$ 的交集稱為 P 的核，寫成

$$core(P) \tag{3-13}$$

（3-13）式主要用來表達知識內，一定不可少的重要屬性集合。

由以上的說明中，可以得知在粗糙集中，核的主要意義有兩大項：

1. 計算所有約簡值的數學基礎。
2. 可以做為所有要分析的系統中，最重要因子的參考（權重因子），做為該知識之特徵集合。

3.3.4 屬性的重要性（significant）

根據依賴度的公式，在粗糙集中也定義出屬性重要性，亦即在決策系統中，$a \in C$ 的屬性重要性定義為

$$\sigma_{(C,D)}(a) = \frac{\gamma_c(D) - \gamma_{c-\{a\}}(D)}{\gamma_c(D)} \tag{3-14}$$

其中 $\gamma_c(D)$ 表示決策屬性 D 和條件屬性 C 之間的依賴程度，可以利用當 a 在 C 中被除去時，$\gamma_c(D)$ 數值的改變以衡量屬性 a 的重要性。

例題 3-11 求例題 3-10 的屬性重要性（表 3-16 之變形金剛玩具）

解：根據屬性重要性的公式做法

1. 去掉屬性 a_1

   此時，對條件屬性而言：

   $$\frac{U}{\{a_2,a_3\}} = \{\{x_1\}, \{x_2, x_6\}, \{x_3, x_7\}, \{x_4\}, \{x_5, x_8\}\} \text{。}$$

   對決策屬性而言：$\dfrac{U}{D} = \{\{x_1, x_4, x_5, x_8\}, \{x_2, x_3, x_5, x_7\}\} = \{X_1, X_2\}$。

   因此正域為：$pos_C(D) = \{x_1, x_3, x_4, x_7\}$，

   代入公式中，可以得到：$\gamma_{c-\{a_1\}}(D) = \dfrac{\left|pos_C(D)\right|}{|U|} = \dfrac{4}{8} = 0.5$，

   因此屬性 a_1 的重要性為：

   $$\sigma_{(C,D)}(a_1) = 1 - \frac{\gamma_{c-\{a_1\}}(D)}{\gamma_c(D)} = 1 - \frac{0.5}{0.75} = \frac{1}{3} \quad \left(\gamma_c(D) = \frac{6}{8} = 0.75\right) \text{。}$$

2. 去掉屬性 a_2：同樣地，

   對條件屬性而言：

   $$\frac{U}{\{a_1,a_3\}} = \{\{x_1\}, \{x_2\}, \{x_3, x_7\}, \{x_4\}, \{x_5, x_8\}, \{x_6\}\} \text{。}$$

   對決策屬性而言：$\dfrac{U}{D} = \{\{x_1, x_4, x_6, x_8\}, \{x_2, x_3, x_5, x_7\}\} = \{X_1, X_2\}$。

   因此正域為：$pos_C(D) = \{x_1, x_2, x_3, x_4, x_6, x_7\}$，

   代入公式中，可以得到：$\gamma_{c-\{a_2\}}(D) = \dfrac{\left|pos_C(D)\right|}{U} = \dfrac{6}{8} = 0.75$，

   因此屬性 a_2 的重要性為：

   $$\sigma_{(C,D)}(a_2) = 1 - \frac{\gamma_{c-\{a_2\}}(D)}{\gamma_c(D)} = 1 - \frac{0.75}{0.75} = 0 \text{。}$$

3. 去掉屬性 a_3：同樣地

   對條件屬性而言：

$$\frac{U}{\{a_1, a_2\}} = \{\{x_1\}, \{x_2\}, \{x_3, x_7\}, \{x_4\}, \{x_5, x_8\}, \{x_6\}\} \circ$$

對決策屬性而言：$\dfrac{U}{D} = \{\{x_1, x_4, x_6, x_8\}, \{x_2, x_3, x_5, x_7\}\} = \{X_1, X_2\} \circ$

因此正域為：$pos_C(D) = \{x_1, x_2, x_3, x_4, x_6, x_7\}$，

代入公式中，可以得到：$\gamma_{c-\{a_3\}}(D) = \dfrac{|pos_C(D)|}{U} = \dfrac{6}{8} = 0.75$，

因此屬性 a_3 的重要性為：

$$\sigma_{(C,D)}(a_3) = 1 - \frac{\gamma_{c-\{a_3\}}(D)}{\gamma_c(D)} = 1 - \frac{0.75}{0.75} = 0 \circ$$

4. 求屬性約簡和核：根據以上的結果，a_1 的屬性重要性為 $\dfrac{1}{3}$，a_2 的屬性重要性為 0，a_3 的屬性重要性為 0。因此，屬性 a_3 及 a_3 為多餘的，可以去除，得到一個約簡，所以核為 $\{a_1\}$。

3.3.5　決策表的公式化

決策表是由知識資料系統中所發展的另一個特殊又很重要的表。

例題 3-12　有病患到醫院檢查之決策表，如表 3-17 所示。

表 3-17　病患到醫院檢查之決策表

病患 U	條件屬性 C			決策屬性 D （流行感冒）
	頭痛 C_a	肌肉痛 C_b	體溫 C_c	
x_1	否	是	正常	否
x_2	否	否	高	否

表 3-17　病患到醫院檢查之決策表（續）

U 病患	條件屬性 C			決策屬性 D（流行感冒）
	頭痛 C_a	肌肉痛 C_b	體溫 C_c	
x_3	否	是	很高	是
x_4	否	否	高	是
x_5	否	是	很高	否
x_6	是	是	正常	否
x_7	是	是	高	是
x_8	是	是	很高	是

解：根據 $S = (U, R, V, f) = (U, C, D, C, f)$ 為一知識資料系統（$R =$ $X \cup D$，$C \cap D = \phi$），C 稱為條件屬性集合，D 稱為決策屬性集合，因此決策表是一個具有條件屬性和決策屬性的知識資料系統。

從表 3-17 中得到：$U = \{x_1, x_2, x_3, x_4, x_5, x_6, x_7, x_8\}$，

$\qquad C = \{C_a, C_b, C_c\}$。

並且：$U \mid C_a = \{\{x_1, x_2, x_3, x_4, x_5\}, \{x_6, x_7, x_8\}\}$。

$\qquad U \mid C_b = \{\{x_1, x_3, x_5, x_6, x_7, x_8\}, \{x_2, x_4\}\}$。

$\qquad U \mid C_c = \{\{x_1, x_6\}, \{x_2, x_4, x_7\}, \{x_3, x_5, x_8\}\}$。

$\qquad U \mid \{C_a, C_b\} = \{\{x_1, x_3, x_5\}, \{x_2, x_4\}, \{x_6, x_7, x_8\}\}$。

$\qquad U \mid \{C_a, C_c\} = \{\{x_1\}, \{x_2, x_4\}, \{x_3, x_5\}, \{x_6\}, \{x_7\}, \{x_8\}\}$。

$\qquad U \mid \{C_b, C_c\} = \{\{x_1, x_6\}, \{x_2, x_4\}, \{x_3, x_5, x_8\}, \{x_7\}\}$。

$\qquad U \mid \{C_a, C_b, C_c\} = \{\{x_1\}, \{x_6\}\}, \{x_2, x_4\}, \{x_3, x_5\}, \{x_7\}, \{x_8\}\}$。

$\qquad U \mid D = \{\{x_1, x_2, x_5, x_6\}, \{x_3, x_4, x_7, x_8\}\}$。

利用：$U \mid \{C_a, C_b, C_c\} = \{\{x_1\}, \{x_6\}\}, \{x_2, x_4\}, \{x_3, x_5\}, \{x_7\}, \{x_8\}\}$，

$\qquad U \mid D = \{\{x_1, x_2, x_5, x_6\}, \{x_3, x_4, x_7, x_8\}\}$。

所以 $pos_C(D) = \{x_1, x_6, x_7, x_8\}$，因此得到：

$$\gamma_C(D) = \frac{|pos_C(D)|}{|D|} = \frac{4}{8} = 0.5 \text{。}$$

1. 因爲：$U \mid \{C_b, C_c\} = \{\{x_1, x_6\}, \{x_2, x_4\}, \{x_3, x_5, x_8\}, \{x_7\}\}$ 及

   $U \mid D = \{\{x_1, x_2, x_5, x_6\}, \{x_3, x_4, x_7, x_8\}\}$ 。

   所以：$pos_{(C-\{C_a\})}(D) = \{x_1, x_6, x_7\} \neq pos_C(D)$：$(\frac{3}{8})$。

2. 因爲：$U \mid \{C_a, C_c\} = \{\{x_1\}, \{x_2, x_4\}, \{x_3, x_5\}, \{x_6\}, \{x_7\}, \{x_8\}\}$ 及

   $U \mid D = \{\{x_1, x_2, x_5, x_6\}, \{x_3, x_4, x_7, x_8\}\}$ 。

   所以：$pos_{(C-\{C_b\})}(D) = \{x_1, x_6, x_7, x_8\} = pos_C(D)$：$(\frac{4}{8})$。

3. 因爲：$U \mid \{C_a, C_b\} = \{\{x_1, x_3, x_5\}, \{x_2, x_4\}, \{x_6, x_7, x_8\}\}$ 及

   $U \mid D = \{\{x_1, x_2, x_5, x_6\}, \{x_3, x_4, x_7, x_8\}\}$ 。

   所以：$pos_{(C-\{C_c\})}(D) = \phi \neq pos_C(D)$：$(\frac{0}{8})$。

接者利用屬性 $a \in C$ 關於 D 的重要性公式

$$\sigma_{CD}(a) = \frac{\gamma_C(D) - \gamma_{C-\{a\}}(D)}{\gamma_C(D)} \tag{3-15}$$

可以得到；$\sigma_{CD}(C_a = 頭痛) = \dfrac{\frac{4}{8} - \frac{3}{8}}{\frac{4}{8}} = \frac{1}{4}$。

$$\sigma_{CD}(C_b = 肌肉痛) = \dfrac{\frac{4}{8} - \frac{4}{8}}{\frac{4}{8}} = 0 \text{。}$$

$$\sigma_{CD}(C_c = 體溫) = \frac{\dfrac{4}{8} - \dfrac{0}{8}}{\dfrac{4}{8}} = 1 \text{。}$$

所以在本題中，{ 體溫 } 最重要，其次是 { 頭痛 }，而 { 肌肉痛 } 並不重要，因此這個決策表可以約簡爲以下新的決策表。

表 3-18　約簡後的決策表

來院者 U	條件屬性 C		決策屬性 D （流行感冒）
	頭痛 C_a	體溫 C_c	
x_1	否	正常	否
x_2	否	高	否
x_3	否	很高	是
x_4	否	高	是
x_5	否	很高	否
x_6	是	正常	否
x_7	是	高	是
x_8	是	很高	是

第 4 章

粗糙集的實例

4.1 汽車購買屬性重要性之分析

德國五大廠牌汽車之屬性如表4-1所示，請利用基本方式求出核。

表 4-1 五大廠牌汽車之特性

廠牌／因子	F1	F2	F3	F4	F5	F6	F7	F8
福斯 V6 Pheaton	3.6	280	370	17.0	8.6	2,154	11.4	90,500
寶馬 740 Li	2.9	320	450	10.2	5.7	1,920	7.9	88,700
寶士 S400 系列	3.498	306	370	10.7	6.8	1,925	6.8	87,160
奧迪 A8	3.993	435	600	10.1	4.5	1,995	9.2	103,900
保時捷 Panamera	3.605	310	400	10.5	6.3	1,845	8.4	83,277

F1：公升數。F2：馬力。F3：最大轉矩 [N-m]。F4：壓縮比。F5：加速時間（0-100 km/h-sec）。F6：重量。F7：耗油量 [l/100 km]。F8：價格（歐元）。

圖 4-1 福斯汽車

圖 4-2　寶馬汽車

圖 4-3　賓士汽車

圖 4-4　奧迪汽車

圖 4-5　保時捷汽車

　　首先使用等間距離散做數據離散化處理，並且設定公升數、馬力、最大轉矩、壓縮比、加速時間、重量及耗油量為屬性因子，價格為決策因子，如表 4-2 所示。

表 4-2　五大廠牌汽車因子四個等級之離散化數值

廠牌 / 因子	F1(R_1)	F2(R_2)	F3(R_3)	F4(R_4)	F5(R_5)	F6(R_6)	F7(R_7)	F8(D)
福斯 V6 Pheaton (x_1)	3	1	1	4	4	4	4	2
寶馬 740 Li (x_2)	1	2	2	1	2	1	1	2
賓士 S400 系列 (x_3)	3	1	1	1	3	2	1	1
奧迪 A8 (x_4)	4	4	4	1	1	2	3	4
保時捷 Panamera (x_5)	3	1	1	1	2	1	2	1

1. 求出屬性重要性

(1) 對條件屬而言：$\dfrac{U}{C} = \dfrac{U}{\{R_1, R_2, R_3, R_4, R_5, R_6, R_7\}}$

$\qquad\qquad = \{\{x_1\}, \{x_2\}, \{x_3\}, \{x_4\}, \{x_5\}\}$。

(2) 對決策屬性而言：$\dfrac{U}{D} = \{\{x_1, x_2\}, \{x_3, x_5\}, \{x_4\}\} = \{X_1, X_2, X_3\}$。

因此正域為：$pos_C(D) = \{\{x_1\}, \{x_2\}, \{x_3\}, \{x_4\}, \{x_5\}\}$，

代入依賴度公式中，可以得到 $\gamma_c(D) = \dfrac{|pos_C(D)|}{|U|} = \dfrac{5}{5} = 1$。

(3) 對其他條件屬性

(a) 省略 R_1 屬性

$\dfrac{U}{C} = \dfrac{U}{\{R_2, R_3, R_4, R_5, R_6, R_7\}} = \{\{x_1\}, \{x_2\}, \{x_3\}, \{x_4\}, \{x_5\}\}$。

$\dfrac{U}{D} = \{\{x_1, x_2\}, \{x_3, x_5\}, \{x_4\}\} = \{X_1, X_2, X_3\}$。

因此 $pos_C(D) = \{\{x_1\}, \{x_2\}, \{x_3\}, \{x_4\}, \{x_5\}\}$，代入公式內，可以得到

$\gamma_{c-\{R_1\}}(D) = \dfrac{|pos_C(D)|}{|U|} = \dfrac{5}{5} = 1$，所以 $\sigma_{(C,D)}(R_1) = \dfrac{1-1}{1} = 0$。

(b) 省略 R_2 屬性

$$\frac{U}{C} = \frac{U}{\{R_1, R_3, R_4, R_5, R_6, R_7\}} = \{\{x_1\}, \{x_2\}, \{x_3\}, \{x_4\}, \{x_5\}\} \text{。}$$

$$\frac{U}{D} = \{\{x_1, x_2\}, \{x_3, x_5\}, \{x_4\}\} = \{X_1, X_2, X_3\} \text{。}$$

因此 $pos_C(D) = \{\{x_1\}, \{x_2\}, \{x_3\}, \{x_4\}, \{x_5\}\}$，代入公式內，可以得到

$$\gamma_{c-\{R_2\}}(D) = \frac{|pos_C(D)|}{|U|} = \frac{5}{5} = 1 \text{，所以} \sigma_{(C,D)}(R_2) = \frac{1-1}{1} = 0 \text{。}$$

(c) 省略 R_3 屬性

$$\frac{U}{C} = \frac{U}{\{R_1, R_2, R_4, R_5, R_6, R_7\}} = \{\{x_1\}, \{x_2\}, \{x_3\}, \{x_4\}, \{x_5\}\} \text{。}$$

$$\frac{U}{D} = \{\{x_1, x_2\}, \{x_3, x_5\}, \{x_4\}\} = \{X_1, X_2, X_3\} \text{。}$$

因此 $pos_C(D) = \{\{x_1\}, \{x_2\}, \{x_3\}, \{x_4\}, \{x_5\}\}$，代入公式內，可以得到

$$\gamma_{c-\{R_3\}}(D) = \frac{|pos_C(D)|}{|U|} = \frac{5}{5} = 1 \text{，所以} \sigma_{(C,D)}(R_3) = \frac{1-1}{1} = 0 \text{。}$$

(d) 省略 R_4 屬性

$$\frac{U}{C} = \frac{U}{\{R_1, R_2, R_3, R_5, R_6, R_7\}} = \{\{x_1\}, \{x_2\}, \{x_3\}, \{x_4\}, \{x_5\}\} \text{。}$$

$$\frac{U}{D} = \{\{x_1, x_2\}, \{x_3, x_5\}, \{x_4\}\} = \{X_1, X_2, X_3\} \text{。}$$

因此 $pos_C(D) = \{\{x_1\}, \{x_2\}, \{x_3\}, \{x_4\}, \{x_5\}\}$，代入公式內，可以得到

$$\gamma_{c-\{R_4\}}(D) = \frac{|pos_C(D)|}{|U|} = \frac{5}{5} = 1 \text{，所以} \sigma_{(C,D)}(R_4) = \frac{1-1}{1} = 0 \text{。}$$

(e) 省略 R_5 屬性

$$\frac{U}{C} = \frac{U}{\{R_1, R_2, R_3, R_4, R_6, R_7\}} = \{\{x_1\}, \{x_2\}, \{x_3\}, \{x_4\}, \{x_5\}\} \text{。}$$

$$\frac{U}{D} = \{\{x_1, x_2\}, \{x_3, x_5\}, \{x_4\}\} = \{X_1, X_2, X_3\} \text{。}$$

因此 $pos_C(D) = \{\{x_1\}, \{x_2\}, \{x_3\}, \{x_4\}, \{x_5\}\}$，代入公式內，可以得到

$$\gamma_{c-\{R_5\}}(D) = \frac{\left|pos_C(D)\right|}{|U|} = \frac{5}{5} = 1 \text{，所以} \sigma_{(C,D)}(R_5) = \frac{1-1}{1} = 0 \text{。}$$

(f) 省略 R_6 屬性

$$\frac{U}{C} = \frac{U}{\{R_1, R_2, R_3, R_4, R_5, R_7\}} = \{\{x_1\}, \{x_2\}, \{x_3\}, \{x_4\}, \{x_5\}\} \text{。}$$

$$\frac{U}{D} = \{\{x_1, x_2\}, \{x_3, x_5\}, \{x_4\}\} = \{X_1, X_2, X_3\} \text{。}$$

因此 $pos_C(D) = \{\{x_1\}, \{x_2\}, \{x_3\}, \{x_4\}, \{x_5\}\}$，代入公式內，可以得到

$$\gamma_{c-\{R_6\}}(D) = \frac{\left|pos_C(D)\right|}{|U|} = \frac{5}{5} = 1 \text{，所以} \sigma_{(C,D)}(R_6) = \frac{1-1}{1} = 0 \text{。}$$

(g) 省略 R_7 屬性

$$\frac{U}{C} = \frac{U}{\{R_1, R_2, R_3, R_4, R_5, R_6\}} = \{\{x_1\}, \{x_2\}, \{x_3\}, \{x_4\}, \{x_5\}\} \text{。}$$

$$\frac{U}{D} = \{\{x_1, x_2\}, \{x_3, x_5\}, \{x_4\}\} = \{X_1, X_2, X_3\} \text{。}$$

因此 $pos_C(D) = \{\{x_1\}, \{x_2\}, \{x_3\}, \{x_4\}, \{x_5\}\}$，代入公式內，可以得到

$$\gamma_{c-\{R_7\}}(D) = \frac{\left|pos_C(D)\right|}{|U|} = \frac{5}{5} = 1 \text{，所以} \sigma_{(C,D)}(R_7) = \frac{1-1}{1} = 0 \text{。}$$

結果表示五大廠牌的汽車都具有一樣的特性，評比都是相同的。

4.2 酚酸醯胺化合物官能基權重因子之分析

　　酚酸醯胺化合物廣泛的存在於天然植物中，在一些活血化瘀的傳統草藥中，例如番紅花及淮牛膝等，都含有此類化合物。經由過去的研究得知，酚酸是目前天然物中存在最廣泛，並且具有很好抗氧化能力的化合物。在結構上的主要基本骨架爲酚酸及苯乙胺，在二個苯環上結構僅稍做些許修飾，以 methoxy 或者 hydroxy 基團取代而成。

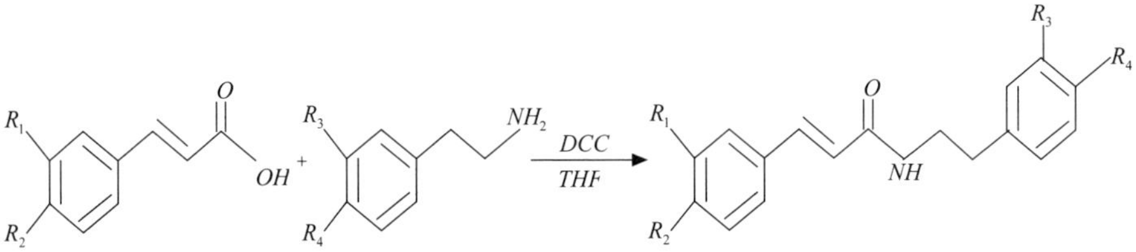

圖 4-6 　酚酸醯胺化合物的結構

1. 化學合成方法

　　首先取酚酸化合物（2.0 mmol）及苯乙胺衍生物（2.0 mmol）於雙頸瓶中，加入蒸餾過的 THF 當作溶媒。然後再取 DCC（4.0 mmol）溶於約 10mL 蒸餾過的 THF 溶劑中，再將此溶液加入雙頸瓶中。於室溫氮氣下反應 1 天，反應完全後，減壓濃縮移去溶劑。將濃縮後殘餘的濃縮物於分液漏斗，以乙酸乙酯及水（1：5），萃取二至三次，取有機層以無水硫酸鈉乾燥，靜置，過濾及濾液濃縮；得到油狀液體，再以矽膠管柱分離 chloroform：acetone = 10：1；TLC，chloroform：acetone = 4：1，R_f = 0.31；分離得到化合物。

2. 清除自由基活性之分析（Free radical scavenging activity）

製備適量體積的 DPPH 之乙醇溶液，濃度為 5×10^{-5}M；將預測試之藥品溶於乙醇中，分別配製濃度為 10^{-3}M、10^{-4}M、10^{-5}M 及 10^{-6}M，以 a-tocopherol 當作 positive control。取 250mL 的 a-tocopherol 及同體積的藥品加入 96 孔的 EIA plate，每個化合物分別測 6 次，以乙醇或無菌水當作空白標準品。然後再加入 125mL 已配製好的新鮮 DPPH 乙醇溶液。二十分鐘後，在吸光值 517nm 的 EIA reader 下分析抗氧化能力，而 DPPH decolouration（%）之計算公式為

$$\text{Decolouration percentage （\%）} =$$
$$1 - （\text{Compound的吸光值} / \text{Blank的吸光值}）\times 100$$

$$（4\text{-}1）$$

其中：IC_{50} values 表示 compound 清除 50% DPPH free radicals 時的濃度。由 Gra-Fit 計算軟體統計 IC_{50} 值。所得的結果如圖 4-7 及表 4-3 所示。

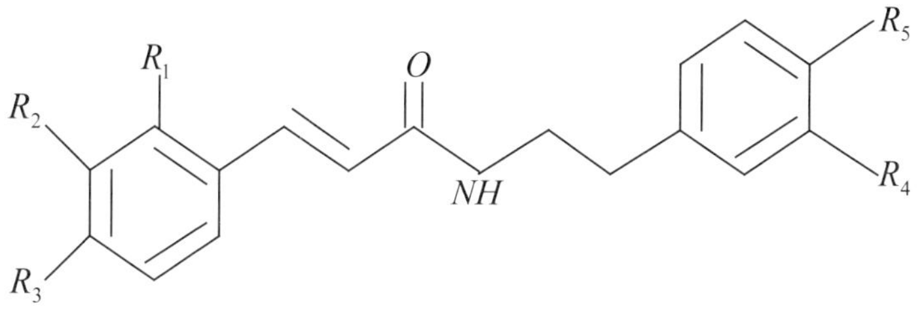

圖 4-7　官能基架構圖

表 4-3　官能基實驗結果

化合物	R_1	R_2	R_3	R_4	R_5	$IC_{50} \, (\mu M)$ [a]
x_1	OH	H	H	OH	OH	3.2 ± 0.3
x_2	H	OH	H	OH	OH	3.7 ± 0.2
x_3	H	H	OH	OH	OH	5.0 ± 0.8
x_4	H	OMe	OH	OH	OH	3.6 ± 0.1
x_5	H	OH	OMe	OH	OH	3.3 ± 0.4
x_6	OH	H	H	OMe	OH	7.1 ± 0.5
x_7	H	OH	H	OMe	OH	4.0 ± 0.7
x_8	H	H	OH	OMe	OH	9.9 ± 1.0
x_9	H	OMe	OH	OMe	OH	2.9 ± 0.1
x_{10}	H	OH	OMe	OMe	OH	3.1 ± 0.4
x_{11}	OH	H	H	OH	OMe	5.9 ± 1.1
x_{12}	H	OH	H	OH	OMe	5.8 ± 1.2
x_{13}	H	H	OH	OH	OMe	4.1 ± 0.6
x_{14}	H	OMe	OH	OH	OMe	3.0 ± 0.3
x_{15}	H	OH	OMe	OH	OMe	2.8 ± 0.3
Probucol						3.9 ± 0.2

　　接著使用等間距離散做數據離散化處理，其中以 H = 1，OH = 2 及 OMe = 3，如表 4-4 所示。

表 4-4　離散化數值表（取望小及四個等級）

化合物	R_1	R_2	R_3	R_4	R_5		IC_{50} (μM) [a]
x_1	2	1	1	2	2	4	3.2 ± 0.3
x_2	1	2	1	2	2	4	3.7 ± 0.2
x_3	1	1	2	2	2	3	5.0 ± 0.8
x_4	1	3	2	2	2	4	3.6 ± 0.1
x_5	1	2	3	2	2	4	3.3 ± 0.4
x_6	2	1	1	3	2	2	7.1 ± 0.5
x_7	1	2	1	3	2	4	4.0 ± 0.7
x_8	1	1	2	3	2	1	9.9 ± 1.0
x_9	1	3	2	3	2	4	2.9 ± 0.1
x_{10}	1	2	3	3	2	4	3.1 ± 0.4
x_{11}	2	1	1	2	3	3	5.9 ± 1.1
x_{12}	1	2	1	2	3	3	5.8 ± 1.2
x_{13}	1	1	2	2	3	4	4.1 ± 0.6
x_{14}	1	3	2	2	3	4	3.0 ± 0.3
x_{15}	1	2	3	2	3	4	2.8 ± 0.3
Probucol							3.9 ± 0.2

3. 求出屬性重要性

　(1) 對條件屬性而言

$$\frac{U}{C} = \frac{U}{\{R_1, R_2, R_3, R_4, R_5\}} = \{\{x_1\}, \{x_2\}, \{x_3\}, \{x_4\} \{x_5\}, \{x_6\}, \{x_7\}, \{x_8\},$$

$$\{x_9\}, \{x_{10}\}, \{x_{11}\}, \{x_{12}\}, \{x_{13}\}, \{x_{14}\}, \{x_{15}\}\} \text{。}$$

　(2) 對決策屬性而言

$$\frac{U}{D} = \{\{x_1, x_2, x_4, x_5, x_7, x_9, x_{10}, x_{13}, x_{14}, x_{15}\}, \{x_3, x_{11}, x_{12}\}, \{x_6\}, \{x_8\}\} \text{。}$$

$$= \{X_1, X_2, X_3, X_4\} \text{ 。}$$

因此 $pos_C(D) = \{x_1, x_2, x_3, x_4, x_5, x_6, x_7, x_8, x_9, x_{10}, x_{11}, x_{12}, x_{13}, x_{14},$

$x_{15}\}$，代入屬性重要性公式，可以得到 $\gamma_c(D) = \dfrac{|pos_C(D)|}{|U|} = \dfrac{15}{15} = 1$ 。

(3) 對其他條件屬性

(a) 省略 R_1 屬性

$$\frac{U}{C} = \frac{U}{\{R_2, R_3, R_4, R_5\}} = \{\{x_1\}, \{x_2\}, \{x_3\}, \{x_4\}\{x_5\}, \{x_6\}, \{x_7\}, \{x_8\},$$

$$\{x_9\}, \{x_{10}\}, \{x_{11}\}, \{x_{12}\}, \{x_{13}\}, \{x_{14}\}, \{x_{15}\}\} \text{ 。}$$

$$\frac{U}{D} = \{\{x_1, x_2, x_4, x_5, x_7, x_9, x_{10}, x_{13}, x_{14}, x_{15}\}, \{x_3, x_{11}, x_{12}\}, \{x_6\}, \{x_8\}\}$$

$$= \{X_1, X_2, X_3, X_4\} \text{ 。}$$

因此 $pos_C(D) = \{x_1, x_2, x_3, x_4, x_5, x_6, x_7, x_8, x_9, x_{10}, x_{11}, x_{12}, x_{13}, x_{14},$

$x_{15}\}$，代入公式內，可以得到

$$\gamma_{c-\{R_1\}}(D) = \frac{|pos_C(D)|}{|U|} = \frac{15}{15} = 1 \text{，所以} \sigma_{(C,D)}(R_1) = \frac{1-1}{1} = 0.0000 \text{ 。}$$

(b) 省略 R_2 屬性

$$\frac{U}{C} = \frac{U}{\{R_1, R_3, R_4, R_5\}} = \{\{x_1\}, \{x_2\}, \{x_3, x_4\}\{x_5\}, \{x_6\}, \{x_7\}, \{x_8, x_9\},$$

$$\{x_{10}\}, \{x_{11}\}, \{x_{12}\}, \{x_{13}, x_{14}\}, \{x_{15}\}\} \text{ 。}$$

$$\frac{U}{D} = \{\{x_1, x_2, x_4, x_5, x_7, x_9, x_{10}, x_{13}, x_{14}, x_{15}\}, \{x_3, x_{11}, x_{12}\}, \{x_6\}, \{x_8\}\}$$

$$= \{X_1, X_2, X_3, X_4\} \text{ 。}$$

因此 $pos_C(D) = \{x_1, x_2, x_5, x_6, x_7, x_{10}, x_{11}, x_{12}, x_{13}, x_{14}, x_{15}\}$，代入

公式內，可以得到 $\gamma_{c-\{R_2\}}(D) = \dfrac{|pos_C(D)|}{|U|} = \dfrac{11}{15}$，所以 $\sigma_{(C,D)}(R_2)$

$$= \frac{1-\dfrac{11}{15}}{1} = \frac{4}{15} = 0.2667 \text{。}$$

(c) 省略 R_3 屬性

$$\frac{U}{C} = \frac{U}{\{R_1, R_2, R_4, R_5\}} = \{\{x_1\}, \{x_2, x_5\}, \{x_3\}, \{x_4\}, \{x_6\}, \{x_7, x_{10}\},$$

$$\{x_8\}, \{x_9\}, \{x_{11}\}, \{x_{12}, x_{15}\}, \{x_{13}\}, \{x_{14}\}\} \text{。}$$

$$\frac{U}{D} = \{\{x_1, x_2, x_4, x_5, x_7, x_9, x_{10}, x_{13}, x_{14}, x_{15}\}, \{x_3, x_{11}, x_{12}\}, \{x_6\}, \{x_8\}\}$$

$$= \{X_1, X_2, X_3, X_4\} \text{。}$$

因此 $pos_C(D) = \{x_1, x_2, x_3, x_4, x_5, x_6, x_7, x_8, x_9, x_{10}, x_{11}, x_{13}, x_{14}\}$ ，

代入公式內，可以得到

$$\gamma_{c-\{R_3\}}(D) = \frac{|pos_C(D)|}{|U|} = \frac{13}{15} \text{，所以} \sigma_{(C,D)}(R_3) = \frac{1-\dfrac{13}{15}}{1} = \frac{2}{15} = 0.1333 \text{。}$$

(d) 省略 R_4 屬性

$$\frac{U}{C} = \frac{U}{\{R_1, R_2, R_3, R_5\}} = \{\{x_1, x_6\}, \{x_2, x_7\}, \{x_3, x_8\}, \{x_4, x_9\},$$

$$\{x_5, x_{10}\}, \{x_{11}\}, \{x_{12}\}, \{x_{13}\}, \{x_{14}\}, \{x_{15}\}\} \text{。}$$

$$\frac{U}{D} = \{\{x_1, x_2, x_4, x_5, x_7, x_9, x_{10}, x_{13}, x_{14}, x_{15}\}, \{x_3, x_{11}, x_{12}\}, \{x_6\}, \{x_8\}\}$$

$$= \{X_1, X_2, X_3, X_4\} \text{。}$$

因此 $pos_C(D) = \{x_2, x_4, x_5, x_7, x_9, x_{10}, x_{11}, x_{12}, x_{13}, x_{14}, x_{15}\}$ ，

代入公式內，可以得到 $\gamma_{c-\{R_4\}}(D) = \frac{|pos_C(D)|}{|U|} = \frac{11}{15}$ ，

所以 $\sigma_{(C,D)}(R_3) = \frac{1-\dfrac{11}{15}}{1} = \frac{4}{15} = 0.2667 \text{。}$

(e) 省略 R_5 屬性

$$\frac{U}{C} = \frac{U}{\{R_1, R_2, R_3, R_4\}} = \{\{x_1, x_{11}\}, \{x_2, x_{12}\}, \{x_3, x_{13}\}, \{x_4, x_{14}\},$$

$$\{x_5, x_{15}\}, \{x_6\}, \{x_7\}, \{x_8\}, \{x_9\}, \{x_{10}\}\} \; \circ$$

$$\frac{U}{D} = \{\{x_1, x_2, x_4, x_5, x_7, x_9, x_{10}, x_{13}, x_{14}, x_{15}\}, \{x_3, x_{11}, x_{12}\}, \{x_6\}, \{x_8\}\}$$

$$= \{X_1, X_2, X_3, X_4\} \; \circ$$

因此 $pos_C(D) = \{x_4, x_5, x_7, x_8, x_9, x_{10}, x_{14}, x_{15}\}$ ，

代入公式內，可以得到 $\gamma_{c-\{R_5\}}(D) = \dfrac{|pos_C(D)|}{|U|} = \dfrac{9}{15}$ ，

所以 $\sigma_{(C,D)}(R_3) = \dfrac{1 - \dfrac{9}{15}}{1} = \dfrac{6}{15} = 0.4000$ 。

經過整理後，如表 4-5 所示。

表 4-5　十五種化合物下之官能基屬性重要性

官能基	R_1	R_2	R_3	R_4	R_5
屬性重要性	0.0000	0.2667	0.1333	0.2667	0.4000

由表 4-5 中的結果中得知，第五個官能基為最重要的，而第一個官能基是沒有作用的。

4.3　無人機影響因子之分析

以目前台灣最常見的六種四旋翼無人機為研究的對象，如圖 4-8 至圖 4-13 所示，而相關的數值如表 4-6 所示。

圖 4-8　Millet machine

圖 4-9　DJI Phantom 3 Standard

圖 4-10　Ehang Ghost 2

圖 4-11　GHOST+ X450

圖 4-12　Xiro Xplorer V

圖 4-13　Walkera Scout X4

表 4-6　六種四旋翼無人機相關參數及數值

規格／品牌	DJI Phantom 3 Standard	Millet machine	Ehang Ghost 2	GHOST+ X450	Xiro Xplorer V	Walkera Scout X4
售價	US:450	US:400	US:525	US:1,300	US:930	US:900
對角線軸距	350 mm	434 mm	350mm	450 mm	350 mm	400 mm
最大飛行時間	23 minutes	27 minutes	25 minutes	25 minutes	20 minutes	25 minutes
重量	1,280 g	1,400 g	1,150 g	2,250 g	1,220 g	1,770 g
最大水平飛行速度	16.5 m/s	18 m/s	19.5 m/s	18m/s	15 m/s	19.5 m/s
遙控距離	2,000 m	1,000 m	1,000 m	1,000 m	500 m	1,500 m
圖傳距離	4,000 m	1,000 m	500 m	1,000 m	500 m	1,000 m

1. 數據前處理

首先建立專家的資料，如表 4-7 所示。

表 4-7　五位無人機專家的資料

專家	飛行經驗	飛行資歷
S(1)	超過 20 年	UAV 首席試飛員
S(2)	超過 20 年	UAV 測試員及試飛員
S(3)	14 年	UAV 測試員及試飛員
S(4)	12 年	UAV 測試員及試飛員
S(5)	11 年	UAV 測試員及試飛員

其次，根據五位專家對六種四旋翼無人機中的售價、穩定度、拍攝品質、安全性、續航力、攜帶性、上手性及圖傳距離八個影響因子，以李克特十第方式做評估，所得的數值如表 4-8 至表 4-13 所示。

表 4-8　DJI Phantom 3 Standard 的評估數值

專家編號	穩定度	拍攝素質	安全性	續航力	攜帶性	上手性	圖傳距離	售價
01	9	8	7	7	8	8	9	7
02	8	8	7	6	7	8	8	8
03	9	9	9	9	6	7	7	6
04	8	8	8	7	9	7	7	7
05	8	9	7	7	7	8	8	7

表 4-9　Millet machine 的評估數值

專家編號	穩定度	拍攝素質	安全性	續航力	攜帶性	上手性	圖傳距離	售價
01	9	6	6	8	8	7	8	7
02	7	7	7	7	8	7	7	8
03	6	6	6	5	6	5	5	7
04	8	7	8	8	7	7	6	6
05	6	7	7	7	8	8	7	8

表 4-10　Ehang Ghost 2 的評估數值

專家編號	穩定度	拍攝素質	安全性	續航力	攜帶性	上手性	圖傳距離	售價
01	8	7	6	6	6	6	7	6
02	6	7	6	6	6	7	7	7
03	6	5	5	6	6	5	4	5
04	7	9	7	7	8	8	6	7
05	6	8	6	7	5	5	6	7

表 4-11　GHOST+ X450 的評估數值

專家編號	穩定度	拍攝素質	安全性	續航力	攜帶性	上手性	圖傳距離	售價
01	7	7	7	6	6	7	7	3
02	6	7	7	6	6	7	7	5
03	6	5	5	7	6	5	5	4
04	8	8	7	7	7	7	6	4
05	4	8	3	6	3	3	2	3

表 4-12　Xiro Xplorer V 的評估數值

專家編號	穩定度	拍攝素質	安全性	續航力	攜帶性	上手性	圖傳距離	售價
01	7	6	7	5	6	6	7	4
02	7	6	6	6	6	6	7	6
03	6	5	7	5	6	5	6	6
04	8	7	7	6	8	7	5	5
05	6	7	5	5	5	6	2	5

表 4-13　Walkera Scout X4 的評估數值

專家編號	穩定度	拍攝素質	安全性	續航力	攜帶性	上手性	圖傳距離	售價
01	8	6	6	6	7	6	8	5
02	8	6	6	6	6	6	8	6
03	6	5	7	5	6	5	4	5
04	8	7	7	7	7	6	7	5
05	5	7	5	8	6	6	6	5

2. 數據重整：將表 4-8 至表 4-13 的數值平均後，得到表 4-14 之結果，
　 根據表 4-14 的數值，以粗糙集的做法取離散化，取三個等級及四
　 個等級的離散化，如表 4-15 及表 4-16 所示。

表 4-14　六種四旋翼無人機的數據前處理

對象 / 因子	穩定度	拍攝 素質	安全性	續航力	攜帶性	上手性	圖傳 距離	售價
Q1	8.4	8.4	7.6	7.2	7.4	7.6	7.8	7
Q2	7.2	6.6	6.8	7	7.4	6.8	6.6	7.2
Q3	6.6	7.2	6	6.4	6.2	6.2	6	6.4
Q4	6.2	7	5.8	6.4	5.6	5.8	5.4	3.8
Q5	6.8	6.2	6.4	5.4	6.2	6	5.4	5.2
Q6	7	6.2	6.2	6.4	6.4	5.8	6.6	5.2

其中：Q1：DJI Phantom 3 Standard .Q2：Millet machine. Q3：Ehang Ghost 2.
　　　Q4：GHOST+ X450. Q5：Xiro Xplorer V. Q6：Walkera Scout X4.

表 4-15　無人機三個等級的離散化

對象 / 因子	穩定度 (R_1)	拍攝 素質 (R_2)	安全性 (R_3)	續航力 (R_4)	攜帶性 (R_5)	上手性 (R_6)	圖傳 距離 (R_7)	售價 (D)
Q1 (x_1)	3	3	3	3	3	3	3	3
Q2 (x_2)	2	1	2	3	3	2	2	3
Q3 (x_3)	1	2	1	2	2	1	1	3
Q4 (x_4)	1	2	1	2	1	1	1	1
Q5 (x_5)	1	1	2	1	2	1	1	2
Q6 (x_6)	2	1	1	2	2	1	2	2

表 4-16　無人機四個等級的離散化

對象／因子	穩定度 (R_1)	拍攝素質 (R_2)	安全性 (R_3)	續航力 (R_4)	攜帶性 (R_5)	上手性 (R_6)	圖傳距離 (R_7)	售價 (D)
Q1 (x_1)	4	4	4	4	4	4	4	4
Q2 (x_2)	2	1	3	4	4	3	1	4
Q3 (x_3)	1	2	1	3	2	1	1	4
Q4 (x_4)	1	2	1	3	1	1	1	1
Q5 (x_5)	2	1	2	1	2	1	1	2
Q6 (x_6)	2	1	1	2	2	1	1	2

3. 三個等級離散化之計算分析

(1) 根據表 4-15 的數值計算屬性因子集

$$\frac{U}{C} = \frac{U}{\{R_1, R_2, R_3, R_4, R_5, R_6, R_7\}} = \{\{x_1\}, \{x_2\}, \{x_3\}, \{x_4\}, \{x_5\}, \{x_6\}\} \text{。}$$

(2) 根據表 4-15 的數值計算決策因子集

$$\frac{U}{D} = \{\{x_1, x_2, x_3\}, \{x_4\}, \{x_5, x_6\}\} = \{X_1, X_2, X_3\} \text{。}$$

因此 $pos_C(D) = \{\{x_1\}, \{x_2\}, \{x_3\}, \{x_4\}, \{x_5\}, \{x_6\}\}$，

代入方程式中得到 $\gamma_c(D) = \dfrac{|pos_C(D)|}{|U|} = \dfrac{6}{6} = 1$。

(3) 分析各個因子的條件屬性

(a) 刪除 R_1

$$\frac{U}{C} = \frac{U}{\{R_2, R_3, R_4, R_5, R_6, R_7\}} = \{\{x_1\}, \{x_2\}, \{x_3\}, \{x_4\}, \{x_5\}, \{x_6\}\} \text{。}$$

$$\frac{U}{D} = \{\{x_1, x_2, x_3\}, \{x_4\}, \{x_5, x_6\}\} = \{X_1, X_2, X_3\} \text{。}$$

因此 $pos_C(D) = \{\{x_1\}, \{x_2\}, \{x_3\}, \{x_4\}, \{x_5\}, \{x_6\}\}$，

代入方程式中得到 $\gamma_{c-\{R_1\}}(D) = \dfrac{|pos_C(D)|}{|U|} = \dfrac{6}{6} = 1$。

所以 R_1 的屬性重要性為 $\sigma_{(C,D)}(R_1) = \dfrac{1-1}{1} = 0$。

(b) 刪除 R_2

$$\frac{U}{C} = \frac{U}{\{R_1, R_3, R_4, R_5, R_6, R_7\}} = \{\{x_1\}, \{x_2\}, \{x_3\}, \{x_4\}, \{x_5\}, \{x_6\}\}。$$

$$\frac{U}{D} = \{\{x_1, x_2, x_3\}, \{x_4\}, \{x_5, x_6\}\} = \{X_1, X_2, X_3\}。$$

因此 $pos_C(D) = \{\{x_1\}, \{x_2\}, \{x_3\}, \{x_4\}, \{x_5\}, \{x_6\}\}$，

代入方程式中得到 $\gamma_{c-\{R_2\}}(D) = \dfrac{|pos_C(D)|}{|U|} = \dfrac{6}{6} = 1$。

所以 R_2 的屬性重要性為 $\sigma_{(C,D)}(R_2) = \dfrac{1-1}{1} = 0$。

(c) 刪除 R_3

$$\frac{U}{C} = \frac{U}{\{R_1, R_2, R_4, R_5, R_6, R_7\}} = \{\{x_1\}, \{x_2\}, \{x_3\}, \{x_4\}, \{x_5\}, \{x_6\}\}。$$

$$\frac{U}{D} = \{\{x_1, x_2, x_3\}, \{x_4\}, \{x_5, x_6\}\} = \{X_1, X_2, X_3\}。$$

因此 $pos_C(D) = \{\{x_1\}, \{x_2\}, \{x_3\}, \{x_4\}, \{x_5\}, \{x_6\}\}$，

代入方程式中得到 $\gamma_{c-\{R_3\}}(D) = \dfrac{|pos_C(D)|}{|U|} = \dfrac{6}{6} = 1$。

所以 R_3 的屬性重要性為 $\sigma_{(C,D)}(R_3) = \dfrac{1-1}{1} = 0$。

(d) 刪除 R_4

$$\frac{U}{C} = \frac{U}{\{R_1, R_2, R_3, R_5, R_6, R_7\}} = \{\{x_1\}, \{x_2\}, \{x_3\}, \{x_4\}, \{x_5\}, \{x_6\}\}。$$

$$\frac{U}{D} = \{\{x_1, x_2, x_3\}, \{x_4\}, \{x_5, x_6\}\} = \{X_1, X_2, X_3\} \text{ 。}$$

因此 $pos_C(D) = \{\{x_1\}, \{x_2\}, \{x_3\}, \{x_4\}, \{x_5\}, \{x_6\}\}$ ，

代入方程式中得到 $\gamma_{c-\{R_4\}}(D) = \frac{|pos_C(D)|}{|U|} = \frac{6}{6} = 1$ 。

所以 R_4 的屬性重要性為 $\sigma_{(C,D)}(R_4) = \frac{1-1}{1} = 0$ 。

(e) 刪除 R_5

$$\frac{U}{C} = \frac{U}{\{R_1, R_2, R_3, R_4, R_6, R_7\}} = \{\{x_1\}, \{x_2\}, \{x_3, x_4\}, \{x_5\}, \{x_6\}\} \text{ 。}$$

$$\frac{U}{D} = \{\{x_1, x_2, x_3\}, \{x_4\}, \{x_5, x_6\}\} = \{X_1, X_2, X_3\} \text{ 。}$$

因此 $pos_C(D) = \{\{x_1\}, \{x_2\}, \{x_5\}, \{x_6\}\}$ ，

代入方程式中得到 $\gamma_{c-\{R_5\}}(D) = \frac{|pos_C(D)|}{|U|} = \frac{4}{6} = \frac{2}{3}$ 。

所以 R_5 的屬性重要性為 $\sigma_{(C,D)}(R_5) = \frac{1-\frac{2}{3}}{1} = \frac{1}{3} = 0.3333$ 。

(f) 刪除 R_6

$$\frac{U}{C} = \frac{U}{\{R_1, R_2, R_3, R_4, R_5, R_7\}} = \{\{x_1\}, \{x_2\}, \{x_3\}, \{x_4\}, \{x_5\}, \{x_6\}\} \text{ 。}$$

$$\frac{U}{D} = \{\{x_1, x_2, x_3\}, \{x_4\}, \{x_5, x_6\}\} = \{X_1, X_2, X_3\} \text{ 。}$$

因此 $pos_C(D) = \{\{x_1\}, \{x_2\}, \{x_3\}, \{x_4\}, \{x_5\}, \{x_6\}\}$ ，

代入方程式中得到 $\gamma_{c-\{R_6\}}(D) = \frac{|pos_C(D)|}{|U|} = \frac{6}{6} = 1$ 。

所以 R_6 的屬性重要性為 $\sigma_{(C,D)}(R_6) = \frac{1-1}{1} = 0$ 。

(g) 刪除 R_7

$$\frac{U}{C} = \frac{U}{\{R_1, R_2, R_3, R_4, R_5, R_6\}} = \{\{x_1\}, \{x_2\}, \{x_3\}, \{x_4\}, \{x_5\}, \{x_6\}\} \, \circ$$

$$\frac{U}{D} = \{\{x_1, x_2, x_3\}, \{x_4\}, \{x_5, x_6\}\} = \{X_1, X_2, X_3\} \, \circ$$

因此 $pos_C(D) = \{\{x_1\}, \{x_2\}, \{x_3\}, \{x_4\}, \{x_5\}, \{x_6\}\}$，

代入方程式中得到 $\gamma_{c-\{R_7\}}(D) = \frac{|pos_C(D)|}{|U|} = \frac{6}{6} = 1 \, \circ$

所以 R_7 的屬性重要性為 $\sigma_{(C,D)}(R_7) = \frac{1-1}{1} = 0 \, \circ$

4. 四個等級離散化之計算分析

(1) 根據表 4-16 的數值計算屬性因子集

$$\frac{U}{C} = \frac{U}{\{R_1, R_2, R_3, R_4, R_5, R_6, R_7\}} = \{\{x_1\}, \{x_2\}, \{x_3\}, \{x_4\}, \{x_5\}, \{x_6\}\} \, \circ$$

(2) 根據表 4-16 的數值計算決策因子集

$$\frac{U}{D} = \{\{x_1, x_2, x_3\}, \{x_4\}, \{x_5, x_6\}\} = \{X_1, X_2, X_3\} \, \circ$$

因此 $pos_C(D) = \{\{x_1\}, \{x_2\}, \{x_3\}, \{x_4\}, \{x_5\}, \{x_6\}\}$，

代入方程式中得到 $\gamma_c(D) = \frac{|pos_C(D)|}{|U|} = \frac{6}{6} = 1 \, \circ$

(3) 分析各個因子的條件屬性

(a) 刪除 R_1

$$\frac{U}{C} = \frac{U}{\{R_2, R_3, R_4, R_5, R_6, R_7\}} = \{\{x_1\}, \{x_2\}, \{x_3\}, \{x_4\}, \{x_5\}, \{x_6\}\} \, \circ$$

$$\frac{U}{D} = \{\{x_1, x_2, x_3\}, \{x_4\}, \{x_5, x_6\}\} = \{X_1, X_2, X_3\} \, \circ$$

因此 $pos_C(D) = \{\{x_1\}, \{x_2\}, \{x_3\}, \{x_4\}, \{x_5\}, \{x_6\}\}$，

代入方程式中得到 $\gamma_{c-\{R_1\}}(D) = \dfrac{|pos_C(D)|}{|U|} = \dfrac{6}{6} = 1$。

所以 R_1 的屬性重要性為 $\sigma_{(C,D)}(R_1) = \dfrac{1-1}{1} = 0$。

(b) 刪除 R_2

$$\frac{U}{C} = \frac{U}{\{R_1, R_3, R_4, R_5, R_6, R_7\}} = \{\{x_1\}, \{x_2\}, \{x_3\}, \{x_4\}, \{x_5\}, \{x_6\}\}。$$

$$\frac{U}{D} = \{\{x_1, x_2, x_3\}, \{x_4\}, \{x_5, x_6\}\} = \{X_1, X_2, X_3\}。$$

因此 $pos_C(D) = \{\{x_1\}, \{x_2\}, \{x_3\}, \{x_4\}, \{x_5\}, \{x_6\}\}$，

代入方程式中得到 $\gamma_{c-\{R_2\}}(D) = \dfrac{|pos_C(D)|}{|U|} = \dfrac{6}{6} = 1$。

所以 R_2 的屬性重要性為 $\sigma_{(C,D)}(R_2) = \dfrac{1-1}{1} = 0$。

(c) 刪除 R_3

$$\frac{U}{C} = \frac{U}{\{R_1, R_2, R_4, R_5, R_6, R_7\}} = \{\{x_1\}, \{x_2\}, \{x_3\}, \{x_4\}, \{x_5\}, \{x_6\}\}。$$

$$\frac{U}{D} = \{\{x_1, x_2, x_3\}, \{x_4\}, \{x_5, x_6\}\} = \{X_1, X_2, X_3\}。$$

因此 $pos_C(D) = \{\{x_1\}, \{x_2\}, \{x_3\}, \{x_4\}, \{x_5\}, \{x_6\}\}$，

代入方程式中得到 $\gamma_{c-\{R_3\}}(D) = \dfrac{|pos_C(D)|}{|U|} = \dfrac{6}{6} = 1$。

所以 R_3 的屬性重要性為 $\sigma_{(C,D)}(R_3) = \dfrac{1-1}{1} = 0$。

(d) 刪除 R_4

$$\frac{U}{C} = \frac{U}{\{R_1, R_2, R_3, R_5, R_6, R_7\}} = \{\{x_1\}, \{x_2\}, \{x_3\}, \{x_4\}, \{x_5\}, \{x_6\}\}。$$

$$\frac{U}{D} = \{\{x_1, x_2, x_3\}, \{x_4\}, \{x_5, x_6\}\} = \{X_1, X_2, X_3\} \circ$$

因此 $pos_C(D) = \{\{x_1\}, \{x_2\}, \{x_3\}, \{x_4\}, \{x_5\}, \{x_6\}\}$,

代入方程式中得到 $\gamma_{c-\{R_4\}}(D) = \dfrac{|pos_C(D)|}{|U|} = \dfrac{6}{6} = 1 \circ$

所以 R_4 的屬性重要性為 $\sigma_{(C,D)}(R_4) = \dfrac{1-1}{1} = 0 \circ$

(e) 刪除 R_5

$$\frac{U}{C} = \frac{U}{\{R_1, R_2, R_3, R_4, R_6, R_7\}} = \{\{x_1\}, \{x_2\}, \{x_3, x_4\}, \{x_5\}, \{x_6\}\} \circ$$

$$\frac{U}{D} = \{\{x_1, x_2, x_3\}, \{x_4\}, \{x_5, x_6\}\} = \{X_1, X_2, X_3\} \circ$$

因此 $pos_C(D) = \{\{x_1\}, \{x_2\}, \{x_5\}, \{x_6\}\}$,

代入方程式中得到 $\gamma_{c-\{R_5\}}(D) = \dfrac{|pos_C(D)|}{|U|} = \dfrac{4}{6} = \dfrac{2}{3} \circ$

所以 R_5 的屬性重要性為 $\sigma_{(C,D)}(R_5) = \dfrac{1-\dfrac{2}{3}}{1} = \dfrac{1}{3} = 0.3333 \circ$

(f) 刪除 R_6

$$\frac{U}{C} = \frac{U}{\{R_1, R_2, R_3, R_4, R_5, R_7\}} = \{\{x_1\}, \{x_2\}, \{x_3\}, \{x_4\}, \{x_5\}, \{x_6\}\} \circ$$

$$\frac{U}{D} = \{\{x_1, x_2, x_3\}, \{x_4\}, \{x_5, x_6\}\} = \{X_1, X_2, X_3\} \circ$$

因此 $pos_C(D) = \{\{x_1\}, \{x_2\}, \{x_3\}, \{x_4\}, \{x_5\}, \{x_6\}\}$,

代入方程式中得到 $\gamma_{c-\{R_6\}}(D) = \dfrac{|pos_C(D)|}{|U|} = \dfrac{6}{6} = 1 \circ$

所以 R_6 的屬性重要性為 $\sigma_{(C,D)}(R_6) = \dfrac{1-1}{1} = 0 \circ$

(g) 刪除 R_7

$$\frac{U}{C} = \frac{U}{\{R_1, R_2, R_3, R_4, R_5, R_6\}} = \{\{x_1\}, \{x_2\}, \{x_3\}, \{x_4\}, \{x_5\}, \{x_6\}\}。$$

$$\frac{U}{D} = \{\{x_1, x_2, x_3\}, \{x_4\}, \{x_5, x_6\}\} = \{X_1, X_2, X_3\}。$$

因此 $pos_C(D) = \{\{x_1\}, \{x_2\}, \{x_3\}, \{x_4\}, \{x_5\}, \{x_6\}\}$，

代入方程式中得到 $\gamma_{c-\{R_7\}}(D) = \frac{\left|pos_C(D)\right|}{|U|} = \frac{6}{6} = 1$。

所以 R_7 的屬性重要性為 $\sigma_{(C,D)}(R_7) = \frac{1-1}{1} = 0$。

所得的結果如表 4-17 所示。

表 4-17　利用粗糙集得到的無人機影響因子重要性

等級 / 因子	穩定度	拍攝素質	安全性	續航力	攜帶性	上手性	圖傳距離
3 個等級	0	0	0	0	0.3333	0	0
4 個等級	0	0	0	0	0.3333	0	0

由表 4-17 中的結果中得知，無人機影響因子中是以攜帶性為最大的考量。

4.4　狗吠聲的聲音辨識

本題是利用聲音的轉換，再以頻譜分析的方式做狗吠聲的辨識。

圖 4-14　待測的日本黑色柴犬

首先利用 GoldWave 分別錄下四隻不同的狗吠聲音，如圖 4-15 至圖
4-18 所示。

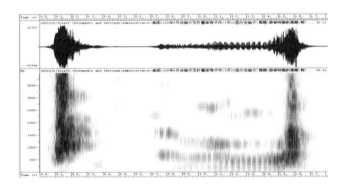

圖 4-15　1 號狗叫聲的頻譜圖

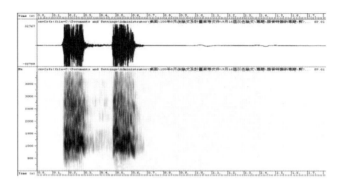

圖 4-16　2 號狗叫聲的頻譜圖

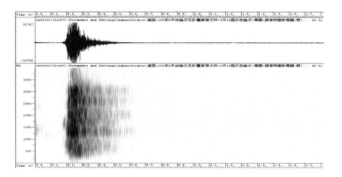

圖 4-17　3 號狗叫聲的頻譜圖

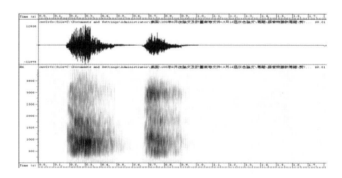

圖 4-18　4 號狗叫聲的頻譜圖

接著利用濾波軟體處理的狗吠聲波，得到倒頻譜係數數值。根據軟體的特性，每隻狗吠聲取 10 組特徵值，如表 4-18 所示。

表 4-18　狗吠聲的倒頻譜係數特徵值

MFCC／品種	k_1	k_2	k_3	k_4	k_5	k_6	k_7	k_8	k_9	k_{10}
待測的狗	1.99	0.23	0.92	0.73	0.75	1.52	0.98	0.23	0.41	0.02
1 號狗	1.83	2.19	1.34	2.08	0.99	0.98	0.02	0.48	0.11	0.42
2 號狗	3.97	2.48	0.72	1.43	0.04	0.66	0.05	0.36	0.09	0.12
3 號狗	0.74	3.43	0.21	1.39	1.32	0.63	0.02	0.45	0.38	0.32
4 號狗	0.67	0.62	1.49	0.73	0.22	1.03	0.88	0.61	0.22	0.04

而計算步驟爲根據表 4-18 建立分析數列表。

首先將表 4-18 做轉置，如表 4-19 所示。根據表 4-19，四個屬性因子分別爲 1 號狗：R_1，2 號狗：R_2，3 號狗：R_3，4 號狗：R_4，而待測的狗爲決策因子：D。此時 MFCC 則爲從 $x_1 \sim x_{10}$。

表 4-19　轉置後的狗吠聲 MFCC 特徵值

MFCC／品種	1 號狗 (R_1)	2 號狗 (R_2)	3 號狗 (R_3)	4 號狗 (R_4)	待測的狗 (D)
k_1	1.83	3.97	0.74	0.67	1.99
k_2	2.19	2.48	3.43	0.62	0.23
k_3	1.34	0.72	0.21	1.49	0.92
k_4	2.08	1.43	1.39	0.73	0.73
k_5	0.99	0.04	1.32	0.22	0.75
k_6	0.98	0.66	0.63	1.03	1.52

表 4-19　轉置後的狗吠聲 MFCC 特徵值（續）

MFCC／品種	1 號狗 (R_1)	2 號狗 (R_2)	3 號狗 (R_3)	4 號狗 (R_4)	待測的狗 (D)
k_7	0.02	0.05	0.02	0.88	0.98
k_8	0.48	0.36	0.45	0.61	0.23
k_9	0.11	0.09	0.38	0.22	0.41
k_{10}	0.42	0.12	0.32	0.04	0.02

接著做離散化的分析，根據等間距之公式，將表 4-19 的數值做四個等級之離散化處理，如表 4-20 所示。

表 4-20　狗吠聲四個等級離散化之結果

MFCC／品種	1 號狗 (R_1)	2 號狗 (R_2)	3 號狗 (R_3)	4 號狗 (R_4)	待測的狗 (D)
$k_1\,(x_1)$	4	4	1	2	4
$k_2\,(x_2)$	4	3	4	2	1
$k_3\,(x_3)$	3	1	1	4	2
$k_4\,(x_4)$	4	2	2	2	2
$k_5\,(x_5)$	2	1	2	1	2
$k_6\,(x_6)$	2	1	1	3	4
$k_7\,(x_7)$	1	1	1	3	2
$k_8\,(x_8)$	1	1	1	2	1
$k_9\,(x_9)$	1	1	1	1	1
$k_{10}\,(x_{10})$	1	1	1	1	1

計算之步驟為：

1. 根據表 4-20 的數值計算屬性因子集

$$\frac{U}{C} = \frac{U}{\{R_1, R_2, R_3, R_4\}} = \{\{x_1\}, \{x_2\}, \{x_3\}, \{x_4\}, \{x_5\}, \{x_6\}, \{x_7\}, \{x_8\},$$

$$\{x_9, x_{10}\}\} \, \circ$$

2. 根據表 4-20 的數值計算決策因子集

$$\frac{U}{D} = \{\{x_1, x_6\}, \{x_2, x_8, x_9, x_{10}\}, \{x_3, x_4, x_5, x_7\}\} = \{X_1, X_2, X_3\} \, \circ$$

因此 $pos_C(D) = \{\{x_1\}, \{x_2\}, \{x_3\}, \{x_4\}, \{x_5\}, \{x_6\}, \{x_7\}, \{x_8\}, \{x_9\}, \{x_{10}\}\}$，

代入方程式中得到 $\gamma_c(D) = \dfrac{|pos_C(D)|}{|U|} = \dfrac{10}{10} = 1 \, \circ$

3. 分析各個因子的條件屬性

　　(1) 刪除 R_1

$$\frac{U}{C} = \frac{U}{\{R_2, R_3, R_4\}} = \{\{x_1\}, \{x_2\}, \{x_3\}, \{x_4\}, \{x_5\}, \{x_6\}, \{x_7\}, \{x_8\},$$

$$\{x_9, x_{10}\}\} \, \circ$$

$$\frac{U}{D} = \{\{x_1, x_6\}, \{x_2, x_8, x_9, x_{10}\}, \{x_3, x_4, x_5, x_7\}\} = \{X_1, X_2, X_3\} \, \circ$$

因此 $pos_C(D) = \{\{x_1\}, \{x_2\}, \{x_3\}, \{x_4\}, \{x_5\}, \{x_7\}, \{x_8\}, \{x_9\}, \{x_{10}\}\}$，

代入方程式中得到 $\gamma_{c-\{R_1\}}(D) = \dfrac{|pos_C(D)|}{|U|} = \dfrac{8}{10} = \dfrac{4}{5} \, \circ$

所以 R_1 的屬性重要性為 $\sigma_{(C,D)}(R_1) = \dfrac{1 - \dfrac{4}{5}}{1} = 0.2 \, \circ$

　　(2) 刪除 R_2

$$\frac{U}{C} = \frac{U}{\{R_1, R_3, R_4\}} = \{\{x_1\}, \{x_2\}, \{x_3\}, \{x_4\}, \{x_5\}, \{x_6\}, \{x_7\}, \{x_8\},$$

$$\{x_9, x_{10}\}\} \, \circ$$

$$\frac{U}{D} = \{\{x_1, x_6\}, \{x_2, x_8, x_9, x_{10}\}, \{x_3, x_4, x_5, x_7\}\} = \{X_1, X_2, X_3\} \text{。}$$

因此 $pos_C(D) = \{\{x_1\}, \{x_2\}, \{x_3\}, \{x_4\}, \{x_5\}, \{x_6\}, \{x_7\}, \{x_8\}, \{x_9\},$

$$\{x_{10}\}\} \text{。}$$

代入方程式中得到 $\gamma_{c-\{R_2\}}(D) = \dfrac{|pos_C(D)|}{|U|} = \dfrac{10}{10} = 1$,

所以 R_2 的屬性重要性為 $\sigma_{(C,D)}(R_2) = \dfrac{1-1}{1} = 0$ 。

(3) 刪除 R_3

$$\frac{U}{C} = \frac{U}{\{R_1, R_2, R_4\}} = \{\{x_1\}, \{x_2\}, \{x_3\}, \{x_4\}, \{x_5\}, \{x_6\}, \{x_7\}, \{x_8\},$$

$$\{x_9, x_{10}\}\} \text{。}$$

$$\frac{U}{D} = \{\{x_1, x_6\}, \{x_2, x_8, x_9, x_{10}\}, \{x_3, x_4, x_5, x_7\}\} = \{X_1, X_2, X_3\} \text{。}$$

因此 $pos_C(D) = \{\{x_1\}, \{x_2\}, \{x_3\}, \{x_4\}, \{x_5\}, \{x_6\}, \{x_7\}, \{x_8\}, \{x_9\},$

$$\{x_{10}\}\} \text{,}$$

代入方程式中得到 $\gamma_{c-\{R_3\}}(D) = \dfrac{|pos_C(D)|}{|U|} = \dfrac{10}{10} = 1$ 。

所以 R_3 的屬性重要性為 $\sigma_{(C,D)}(R_3) = \dfrac{1-1}{1} = 0$ 。

(4) 刪除 R_4

$$\frac{U}{C} = \frac{U}{\{R_1, R_2, R_3\}} = \{\{x_1\}, \{x_2\}, \{x_3\}, \{x_4\}, \{x_5\}, \{x_6\}, \{x_7, x_8, x_9, x_{10}\}\} \text{。}$$

$$\frac{U}{D} = \{\{x_1, x_6\}, \{x_2, x_8, x_9, x_{10}\}, \{x_3, x_4, x_5, x_7\}\} = \{X_1, X_2, X_3\} \text{。}$$

因此 $pos_C(D) = \{\{x_1\}, \{x_2\}, \{x_3\}, \{x_4\}, \{x_5\}, \{x_6\}\}$,

代入方程式中得到 $\gamma_{c-\{R_4\}}(D) = \dfrac{|pos_C(D)|}{|U|} = \dfrac{6}{10} = \dfrac{3}{5}$ 。

所以 R_4 的屬性重要性為 $\sigma_{(C,D)}(R_4) = \dfrac{1-\dfrac{3}{5}}{1} = 0.4$。

表 4-21 利用粗糙集得到的狗吠聲之因子重要性

編號	1 號狗（R_1）	2 號狗（R_2）	3 號狗（R_3）	4 號狗（R_4）
重要性	0.2	0.0	0.0	0.4
排序	2	—	—	1

由表 4-21 中的結果中得知，4 號狗最接近待測狗，表示為同一隻的可能性為最大。

4.5 氣體絕緣放電影響因子之分析

根據台灣地區歷年電力系統事故原因的統計，發現有 50% 的事故是由雷擊所造成的。而在 1740 年佛蘭克林（Benjamin Franklin）利用風箏證明了雷擊只是一種氣體絕緣破壞的現象，後人也根據此一結果發明了「避雷針（lightning arrester）」，雖然經由時間的累積，電力系統的防護措施也更臻進步，但是對於雷擊的各種特性仍為不確定的情況，因此電力系統的意外及故障仍時有所聞，根據目前的研究，氣體絕緣破壞的性質大致可以歸納為下面幾項：

1. 破壞電壓相當大，為數百 kV 左右。

2. 放電路徑相當長，可長達數公里。

3. 在破壞前，電位梯度的大小介於 30kV/cm 至 100kV/cm 之間。

4. 電流大小往往都在十數萬安培左右。

5. 氣體放電間的間隙非常大。

6. 氣體本身的密度並不是很均勻的。

　　根據氣體絕緣破壞之性質及實際的量測，影響氣體絕緣破壞電壓的因子大致可以歸類為：

1. 接地面電位梯度（∇V）：在間隙為兩公分之下，數值為 30kV/cm，當間隙大於十公分時，數值則會非線性的下降至 20kV/cm 左右。

2. 接地面電位梯度之時間上升率 $\left(\dfrac{d\nabla V}{dt}\right)$。

3. 大氣壓力（torr）：和破壞值成正比。

4. 相對濕度（%）：和破壞值成正比。

5. 氣體種類。

6. 電流極性。

7. 溫度（temperature）。

8. 頻率（frequency）。

　　根據以上的說明，本題以空氣為主，並且使用衝擊電壓的形式模擬氣體絕緣放電。首先根據可比性原則，從所有可能相關的因子中選出滿足可比性的四個因子做分析，經過實驗確定的範圍如表 4-22 所示。

表 4-22　氣體絕緣破壞特徵的大小值

項　　目	最　　小	最　　大
電位梯度	0kV/cm	30kV/cm
電位梯度對時間上升率 $\left(\dfrac{d\nabla V}{dt}\right)$	0kV/(cm · sec)	10kV/(cm · sec)
大氣壓力（torr）	720	770
相對濕度（%）	65	85

接著建立實驗設備，硬體架構包括：

1. 控制台及面板部分

   主要目的為做操控用，規格為：

   (1) 單相系統，電壓為 220 伏特，頻率 60Hz，最大電流 20 安培。

   (2) 電壓調整為 0 至 260 伏特，電流為 10 安培，滑線式調整。

   (3) 具過電流跳脫裝置。

2. 衝擊電壓產生器

   主要規格為：

   (1) 最大額定為 200kV 及 2.5kJ。

   (2) 輸出波形為脈衝波。

   (3) 波頭誤差為 50%，波尾誤差為 20%。

   (4) 極性可以改變。

   (5) 使用率為 85%。

3. 球間隙放電系統

   如圖 4-19 及圖 4-20 所示，規格為：

   (1) 機械手動垂直式。

   (2) 放電球直徑 150mm。

   (3) 放電間隙長為 75mm。

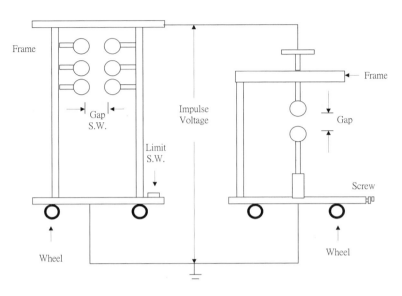

圖 4-19　衝擊電壓產生器及球間隙放電系統

圖 4-20　衝擊電壓產生器及球間隙放電系統實體圖

　　試驗步驟為架設所需之衝擊電壓設備，經由實際做三十組試驗，每組實際做一百次之試驗，再量出其中十組試驗數值下，各個因子值之平均，如表 4-23 所示。

表 4-23　十組氣體絕緣破壞的試驗值

編號	∇V	$\dfrac{d\nabla V}{dt}$	大氣壓力（torr）	相對濕度（%）	放電次數
1	22.096	9.049	761.0	78.6	67
2	24.478	5.678	761.1	81.5	60
3	22.831	7.415	761.3	82	63
4	22.508	8.739	760.8	82.5	69
5	22.006	8.987	759.0	81.5	66
6	22.827	8.501	759.5	82.4	68
7	22.631	8.761	759.8	79.5	63
8	22.127	8.850	759.3	78.5	63
9	22.924	7.675	758.7	78	67
10	22.521	7.682	759.0	77.5	68

　　將表 4-23 的數值，以四個等級的等間距的方式，轉換成離散的狀態，可以得到十組氣體絕緣破壞的離散化之結果，如表 4-24 所示。計算之步驟為：

1. 根據表 4-24 的數值計算屬性因子集

$$\frac{U}{C} = \frac{U}{\{R_1, R_2, R_3, R_4\}} = \{\{x_1\}, \{x_2\}, \{x_3\}, \{x_4\}, \{x_5\}, \{x_7\}, \{x_7\}, \{x_8\},$$

$$\{x_9\}, \{x_{10}\}\} \text{。}$$

表 4-24　氣體絕緣破壞四個等級離散化的結果

編號	∇V (R_1)	$\dfrac{d\nabla V}{dt}$ (R_2)	大氣壓力（torr） (R_3)	相對濕度（%） (R_4)	放電次數 (D)
x_1	1	4	4	1	4
x_2	4	1	4	4	1
x_3	2	3	4	4	2
x_4	1	4	4	4	4
x_5	1	4	1	4	3
x_6	2	4	2	4	4
x_7	2	4	2	2	2
x_8	1	4	1	1	2
x_9	2	3	1	1	4
x_{10}	1	3	1	1	4

2. 根據表 4-24 的數值計算決策因子集

$\dfrac{U}{D} = \{\{x_1, x_4, x_6, x_9, x_{10}\}, \{x_2\}, \{x_3, x_7, x_8\}, \{x_5\}\} = \{X_1, X_2, X_3, X_4\}$。

因此 $pos_C(D) = \{\{x_1\}, \{x_2\}, \{x_3\}, \{x_4\}, \{x_5\}, \{x_6\}, \{x_7\}, \{x_8\}, \{x_9\},$

$\{x_{10}\}\}$，

代入方程式中得到 $\gamma_c(D) = \dfrac{|pos_C(D)|}{|U|} = \dfrac{10}{10} = 1$。

3. 分析各個因子的條件屬性

(1) 刪除 R_1

$\dfrac{U}{C} = \dfrac{U}{\{R_2, R_3, R_4\}} = \{\{x_1\}, \{x_2\}, \{x_3\}, \{x_4\}, \{x_5\}, \{x_6\}, \{x_7\}, \{x_8\},$

$\{x_9, x_{10}\}\}$。

$$\frac{U}{D} = \{\{x_1, x_4, x_6, x_9, x_{10}\}, \{x_2\}, \{x_3, x_7, x_8\}, \{x_5\}\} = \{X_1, X_2, X_3, X_4\} \text{ 。}$$

因此 $pos_C(D) = \{\{x_1\}, \{x_2\}, \{x_3\}, \{x_4\}, \{x_5\}, \{x_8\}, \{x_9\}, \{x_{10}\}\}$,

代入方程式中得到 $\gamma_{c-\{R_1\}}(D) = \dfrac{\left|pos_C(D)\right|}{|U|} = \dfrac{10}{10} = 1$ 。

所以 R_1 的屬性重要性為 $\sigma_{(C,D)}(R_1) = \dfrac{1-1}{1} = 0$ 。

(2) 刪除 R_2

$$\frac{U}{C} = \frac{U}{\{R_1, R_3, R_4\}} = \{\{x_1\}, \{x_2\}, \{x_3\}, \{x_4\}, \{x_5\}, \{x_6\}, \{x_7\}, \{x_8, x_{10}\},$$
$$\{x_9\}\} \text{ 。}$$

$$\frac{U}{D} = \{\{x_1, x_4, x_6, x_9, x_{10}\}, \{x_2\}, \{x_3, x_7, x_8\}, \{x_5\}\} = \{X_1, X_2, X_3, X_4\} \text{ 。}$$

因此 $pos_C(D) = \{\{x_1\}, \{x_2\}, \{x_3\}, \{x_4\}, \{x_5\}, \{x_6\}, \{x_7\}, \{x_9\}\}$,

代入方程式中得到 $\gamma_{c-\{R_2\}}(D) = \dfrac{\left|pos_C(D)\right|}{|U|} = \dfrac{8}{10} = \dfrac{4}{5}$ 。

所以 R_2 的屬性重要性為 $\sigma_{(C,D)}(R_2) = \dfrac{1-\dfrac{4}{5}}{1} = \dfrac{1}{5} = 0.2$ 。

(3) 刪除 R_3

$$\frac{U}{C} = \frac{U}{\{R_1, R_2, R_4\}} = \{\{x_1, x_8\}, \{x_2\}, \{x_3\}, \{x_4, x_5\}, \{x_6\}, \{x_7\},$$
$$\{x_9\}, \{x_{10}\}\} \text{ 。}$$

$$\frac{U}{D} = \{\{x_1, x_4, x_6, x_9, x_{10}\}, \{x_2\}, \{x_3, x_7, x_8\}, \{x_5\}\} = \{X_1, X_2, X_3, X_4\} \text{ 。}$$

因此 $pos_C(D) = \{\{x_2\}, \{x_3\}, \{x_4\}, \{x_6\}, \{x_7\}, \{x_9\}, \{x_{10}\}\}$,

代入方程式中得到 $\gamma_{c-\{R_3\}}(D) = \dfrac{\left|pos_C(D)\right|}{|U|} = \dfrac{6}{10} = \dfrac{3}{5}$ 。

所以 R_3 的屬性重要性為 $\sigma_{(C,D)}(R_3) = \dfrac{1 - \dfrac{3}{5}}{1} = \dfrac{2}{5} = 0.4$。

(4) 刪除 R_4

$\dfrac{U}{C} = \dfrac{U}{\{R_1, R_2, R_3\}} = \{\{x_1, x_4\}, \{x_2\}, \{x_3\}, \{x_5, x_8\}, \{x_6, x_7\}, \{x_9\}, \{x_{10}\}\}$。

$\dfrac{U}{D} = \{\{x_1, x_4, x_6, x_9, x_{10}\}, \{x_2\}, \{x_3, x_7, x_8\}, \{x_5\}\} = \{X_1, X_2, X_3, X_4\}$。

因此 $pos_C(D) = \{\{x_1\}, \{x_2\}, \{x_3\}, \{x_4\}, \{x_9\}, \{x_{10}\}\}$，

代入方程式中得到 $\gamma_{c-\{R_4\}}(D) = \dfrac{|pos_C(D)|}{|U|} = \dfrac{6}{10} = \dfrac{3}{5}$。

所以 R_4 的屬性重要性為 $\sigma_{(C,D)}(R_4) = \dfrac{1 - \dfrac{3}{5}}{1} = 0.4$。

表 4-25　利用粗糙集得到的氣體絕緣破壞之因子重要性

因子	∇V	$\dfrac{d\nabla V}{dt}$	大氣壓力（torr）	相對濕度（%）
重要性	0.0	0.2	0.4	0.4
排序	—	2	1	1

由表 4-25 中的結果中得知，影響氣體絕緣破壞的主要原因是大氣壓力及相對溼度兩個因子，而電位梯度則為無效之因子，電位上升梯度則為第二大的影響因子。

4.6 男子競速溜冰 300M 計時賽

　　本節的實例為第二十五屆全國中正盃競速溜冰錦標賽,以男子300公尺計時賽項目參賽選手為對象。根據以往的研究,推刃步幅和步頻是影響溜冰速度的兩大重要因素,溜冰速度是由每次推刃滑行的距離和推刃的頻率相乘所構成,增大步幅或者提高步頻均能提升溜冰成績。研究結果指出如果要加快跑步的速度,則必須加大步幅及增快步頻,而步頻是造成速度快慢的重要因素。溜冰的動作結構一般使用一個複步加以描述,所謂的一個複步是由左單步和右單步所構成,每一個單步由自由滑行、推刃蹬地、收腿動作、雙腳著地及變換支撐腿等動作組成。經由過去的研究,發現增加步幅或加快步頻都可以提高溜冰速度。

圖 4-21　男子競速溜冰計時賽之場景

　　實驗設計爲研究比賽選手之平均步幅、平均步頻、直道步頻及彎道步頻等各項數據，分析提供給溜冰教練及選手做爲參考。

　　在名詞界定上爲：

1. 平均步幅：平均每次推刃滑行的距離，單位爲公尺。

2. 推刃步頻：每秒推刃的次數，單位爲每秒之步幅。

3. 直道、彎道：由於比賽過程中每位選手選擇進及出彎道的位置不同，本題以於實際彎道附近開始，以剪冰動作前進至剪冰動作結束之部分稱之爲彎道動作，其餘則爲直道動作。

　　研究對象以某一屆中正盃競速溜冰錦標賽，男子 300 公尺計時賽項目高中組以上之參賽選手共 10 人爲對象。地點則選在台北某 200 公尺斜坡跑道的迎風溜冰場。

　　爲了擷取數據，使用攝影機、多媒體個人電腦、影像擷取卡、影像編輯軟體及影像播放軟體。在整體資料處理的步驟爲：現場以攝影機全程錄影比賽，利用個人電腦轉錄成 MPEG 檔案格式，並以影像編輯軟體及影像播放程式分格播放，逐一計算登錄每位選手所使用的步幅及對應時間。資料經實地測得及計算結果，各項成績如表 4-26 所示。

表 4-26 男子 300 公尺競速溜冰實際測得之數值

編號	平均步幅 （公尺）	平均步頻 （步／秒）	直道步頻 （步／秒）	彎道步頻 （步／秒）	選手成績 （秒）
1	4.285714	2.589715	2.734051	2.473262	27.03
2	3.797468	2.916205	2.667628	3.177005	27.09
3	4.285714	2.566923	2.555366	2.575660	27.27
4	4.347826	2.505447	2.172164	2.779616	27.54
5	4.347826	2.476669	2.365591	2.588066	27.86
6	3.896104	2.753934	2.938557	2.633154	27.96
7	3.846154	2.787706	2.662230	2.882206	27.98
8	4.000000	2.669039	2.428811	2.846535	28.10
9	4.615385	2.308239	2.193646	2.409639	28.16
10	4.054054	2.614841	2.446982	2.743142	28.30

　　為了能夠使用粗糙集的數學模式分析，將表 4-26 的原始數值以四個等級的方式加以離散化處理，如表 4-27 所示。

表 4-27 男子 300 公尺競速溜冰四個等級離散化之數值

編號	平均步幅 （公尺） (R_1)	平均步頻 （步／秒） (R_2)	直道步頻 （步／秒） (R_3)	彎道步頻 （步／秒） (R_4)	全部時間 （秒） (D)
x_1	3	2	3	1	1
x_2	1	4	3	4	1
x_3	3	2	3	1	1
x_4	3	2	1	2	2
x_5	3	2	2	1	3
x_6	1	3	4	2	3
x_7	1	4	3	3	3
x_8	1	3	2	3	4
x_9	4	1	1	1	4
x_{10}	2	3	2	2	4

計算步驟為：

1. 根據表 4-27 的數值計算屬性因子集

$$\frac{U}{C} = \frac{U}{\{R_1, R_2, R_3, R_4\}} = \{\{x_1, x_3\}, \{x_2\}, \{x_4\}, \{x_5\}, \{x_6\}, \{x_7\}, \{x_8\},$$

$$\{x_9\}, \{x_{10}\}\} \text{。}$$

2. 根據表 4-26 的數值計算決策因子集

$$\frac{U}{D} = \{\{x_1, x_2, x_3\}, \{x_4\}, \{x_5, x_6, x_7\}, \{x_8, x_9, x_{10}\}\} = \{X_1, X_2, X_3, X_4\} \text{。}$$

因此 $pos_C(D) = \{\{x_1\}, \{x_2\}, \{x_3\}, \{x_4\}, \{x_5\}, \{x_6\}, \{x_7\}, \{x_8\}, \{x_9\}, \{x_{10}\}\}$，

代入方程式中得到 $\gamma_c(D) = \dfrac{|pos_C(D)|}{|U|} = \dfrac{10}{10} = 1$。

3. 分析各個因子的條件屬性

(1) 刪除 R_1

$$\frac{U}{C} = \frac{U}{\{R_2, R_3, R_4\}} = \{\{x_1, x_3\}, \{x_2\}, \{x_4\}, \{x_5\}, \{x_6\}, \{x_7\}, \{x_8\},$$
$$\{x_9\}, \{x_{10}\}\} \text{ 。}$$

$$\frac{U}{D} = \{\{x_1, x_2, x_3\}, \{x_4\}, \{x_5, x_6, x_7\}, \{x_8, x_9, x_{10}\}\} = \{X_1, X_2, X_3, X_4\} \text{ 。}$$

因此 $pos_C(D) = \{\{x_1\}, \{x_2\}, \{x_3\}, \{x_4\}, \{x_5\}, \{x_6\}, \{x_7\}, \{x_8\},$
$$\{x_9\}, \{x_{10}\}\} \text{ ，}$$

代入方程式中得到 $\gamma_{c-\{R_1\}}(D) = \frac{|pos_C(D)|}{|U|} = \frac{10}{10} = 1$ 。

所以 R_1 的屬性重要性為 $\sigma_{(C,D)}(R_1) = \frac{1-1}{1} = 0$ 。

(2) 刪除 R_2

$$\frac{U}{C} = \frac{U}{\{R_1, R_3, R_4\}} = \{\{x_1, x_3\}, \{x_2\}, \{x_4\}, \{x_5\}, \{x_6\}, \{x_7\}, \{x_8\},$$
$$\{x_9\}, x_{10}\}\} \text{ 。}$$

$$\frac{U}{D} = \{\{x_1, x_2, x_3\}, \{x_4\}, \{x_5, x_6, x_7\}, \{x_8, x_9, x_{10}\}\} = \{X_1, X_2, X_3, X_4\} \text{ 。}$$

因此 $pos_C(D) = \{\{x_1\}, \{x_2\}, \{x_3\}, \{x_4\}, \{x_5\}, \{x_6\}, \{x_7\}, \{x_8\},$
$$\{x_9\}, \{x_{10}\}\} \text{ ，}$$

代入方程式中得到 $\gamma_{c-\{R_2\}}(D) = \frac{|pos_C(D)|}{|U|} = \frac{10}{10} = 1$ 。

所以 R_2 的屬性重要性為 $\sigma_{(C,D)}(R_2) = \frac{1-1}{1} = 0$ 。

(3) 刪除 R_3

$$\frac{U}{C} = \frac{U}{\{R_1, R_2, R_4\}} = \{\{x_1, x_3, x_5\}, \{x_2\}, \{x_4\}, \{x_6\}, \{x_7\}, \{x_8\},$$

$$\{x_9\}, x_{10}\}\} \ \circ$$

$$\frac{U}{D} = \{\{x_1, x_2, x_3\}, \{x_4\}, \{x_5, x_6, x_7\}, \{x_8, x_9, x_{10}\}\} = \{X_1, X_2, X_3, X_4\} \ \circ$$

因此 $pos_C(D) = \{\{x_2\}, \{x_4\}, \{x_6\}, \{x_7\}, \{x_8\}, \{x_9\}, \{x_{10}\}\}$，

代入方程式中得到 $\gamma_{c-\{R_3\}}(D) = \dfrac{\left| pos_C(D) \right|}{|U|} = \dfrac{7}{10} \ \circ$

所以 R_3 的屬性重要性為 $\sigma_{(C,D)}(R_3) = \dfrac{1 - \dfrac{7}{10}}{1} = \dfrac{3}{10} = 0.3 \ \circ$

(4) 刪除 R_4

$$\frac{U}{C} = \frac{U}{\{R_1, R_2, R_3\}} = \{\{x_1, x_3\}, \{x_2, x_7\}, \{x_4\}, \{x_5\}, \{x_6\}, \{x_8\},$$
$$\{x_9\}, \{x_{10}\}\} \ \circ$$

$$\frac{U}{D} = \{\{x_1, x_2, x_3\}, \{x_4\}, \{x_5, x_6, x_7\}, \{x_8, x_9, x_{10}\}\} = \{X_1, X_2, X_3, X_4\} \ \circ$$

因此 $pos_C(D) = \{\{x_1\}, \{x_3\}, \{x_4\}, \{x_5\}, \{x_6\}, \{x_8\}, \{x_9\}, \{x_{10}\}\}$，

代入方程式中得到 $\gamma_{c-\{R_4\}}(D) = \dfrac{\left| pos_C(D) \right|}{|U|} = \dfrac{8}{10} = \dfrac{4}{5} \ \circ$

所以 R_4 的屬性重要性為 $\sigma_{(C,D)}(R_4) = \dfrac{1 - \dfrac{4}{5}}{4} = \dfrac{1}{5} = 0.2 \ \circ$

表 4-28　利用粗糙集得到的男子 300 公尺競速溜冰因子重要性

因子	平均步幅	平均步頻	直道步頻	彎道步頻
重要性	0.0	0.0	0.3	0.2
排序	—	—	2	1

由表 4-28 中的結果中得知，影響比賽成績的主因是直道步頻和

彎道步頻，這和實際的經驗值是相吻合的。

4.7 幼稚園及托兒所之選擇

幼保機構萌芽於十八世紀，是屬於社會上的一種慈善事業，幼保機構通常可分爲幼稚園及托兒所兩大類，其中托兒所是屬於社會福利性質，而幼稚園是屬於教育性質。因爲社會結構變遷，雙薪家庭愈來愈多，幼兒教保工作就顯得更爲重要。在目前私人幼稚園及托兒所紛紛成立之下，要選擇一所適合幼兒的及可以配合家長需求的機構，爲當前的重要問題。

隨著社會的變遷，人們愈來愈重視幼兒教育，時下的幼教機構常常標榜著雙語、三語及本土化等等，各式各樣不同的教學方式，包含散發教學、開放教育教學、（大）單元設計教學、皮亞傑教學、行爲課程教學、五指活動教學、蒙特梭利教學、福祿貝爾教學、發現學習教學、創造思考教學、方案教學、萌發課程教學、主題教學及特殊的教學環境。諸多的誘因擾大多數的家長，往往選擇了一所自己理想中的幼教機構就讀後，卻又發現現況與事實差了一大截，不是收費太高、接送不便、作息無法配合就是幼兒無法適應。在台灣，小朋友在幼兒教育的階段，更換好幾所學校是常有的事，因此如何選擇一個適合的幼教機構，是家長們必修的課程。在過去的相關研究之中，並沒有一個方法能夠明白告訴我們如何選擇幼教機構，一般僅僅只能以該機構是否立案或評鑑的等級等等，決定是否要讓小朋友去就讀。因此本題是針對幼教機構，分析影響幼教機構因子之重要性。

4.7.1　研究因子及標準值的建立

　　本題調查台中都會地區，對象包括位於台中都會地區之幼稚園及托兒所，由於目前幼稚園和托兒所的分類比較模糊了，而未來也將實施幼托合一，所以將二者合併調查。此次共有9間幼教機構接受訪查，由於訪查的數據部分為該機構的內部資料，也避免有打廣告的嫌疑，所以以英文 A～I 代替。

　　而研究因子有：

1. 學校收費：一般學校收取的費用分為註冊費及月費，有的甚至有暑期班的額外收，此次的調查對象皆只有註冊費及月費，註冊費是 7,000 元～20,000 元，月費則由 5,000 元～10,000 元不等。

2. 教師師資：大部分的幼教機構的教師都是本科系畢業的學生，僅有少數是由非本科系的教師擔任，本科系的指的是幼保系或者幼保科。

3. 學生人數與教師比例：教師與學生人數的比例牽涉到師資資源分配的問題，學生能夠得到比較多的關懷及比較密集的教導。一般而言，每班都會有一位導師，當班上人數較多時，也會有助理教師的編制。

4. 每學期辦活動次數：幼教機構常常辦理參觀活動或遠足，對於幼兒接觸外界的事物有很大的幫助，能使幼兒體認到團體活動的確切性。台中市由於可以參觀及遠足的地點算是蠻多的，所以比起一般鄉鎮市，每學期辦活動次數比較高。

5. 班級人數：每班班級人數的多寡，代表著教學品質的高低，在幼教機構中，一班人數往往不超過 25 人，是屬於小班式的班級，甚至學生人數只有 10 多個也是可以常常見到的。

4.7.2 標準值的建立及數據處理

1. 學校平均月收費（元）：依據幼稚教育法中公私立幼稚園收費項目、用途及數額，須經所在地主管教育行政機關核定。經實際調查後發現收費平均每月約 12,000 元至 30,000 元，因此 20,000 元爲標準值。

2. 教師師資：以相關科系及非相關科系做爲一個比值，如相關科系爲 15 人，非相關科系 2 人，則計算結果爲 15/(15 + 2) = 0.8666〔（總人數 – 非相關科系人數）/ 總人數〕。

3. 教師人數比例：依據托兒所設置標準與設立辦法之法規，收托二歲以上兒童，每十五人至三十人置保育人員或助理保育員一人，未滿十五人以十五人計算，而以十五人爲標準。

4. 活動次數：經調查後以 4 次爲每學期辦活動次數之標準，但是每一家都差異不大，因此省略此一因子。

5. 班級人數：依據幼稚教育法，幼稚園教學每班兒童不得超過三十人，以三十人爲標準值。

   經過整理之後的數值如表 4-29 至表 4-31 所示。

表 4-29　台中市幼稚園及托兒所之訪查數值

	平均月收費 （元）	教師師資 相關科：非相關科	學生人數與 教師人數比例	班級人數 人數：班數
A	22,800	24：1	10：1	20
B	13,000	10：1	17.8：1	22.5
C	11,000	3：1	24.66：1	24.66
D	12,000	5：0	15：1	15
E	14,000	7：1	10.2：1	17
F	22,600	10：0	12.3：1	24.6
G	24,000	2：0	5.5：1	5.5
H	16,000	5：0	8：1	10
I	16,000	16：1	12.93：1	17.63

表 4-30　台中市幼稚園及托兒所轉換之數值

	平均月收費 （元）	教師師資 相關科／教師人數	學生人數與 教師人數比例	班級人數 人數：班數
A	22,800	24/25 = 0.96	15/10 = 1.5	20/30 = 1.5
B	13,000	10/11 = 0.9091	15/17.8 = 0.8426	22.5/30 = 1.333
C	11,000	3/4 = 0.75	15/24.66 = 0.6082	24.66/30 = 1.216
D	12,000	5/5 = 1	15/15 = 1	15/30 = 2
E	14,000	7/8 = 0.875	15/10.2 = 1.4705	17/30 = 1.764
F	22,600	10/10 = 1	15/12.3 = 1.2195	24.66/30 = 1.216
G	24,000	2/2 = 1	15/5.5 = 2.7272	5.5/30 = 5.454
H	16,000	5/5 = 1	15/8 = 1.873	10/30 = 3
I	16,000	16/17 = 0.9412	15/12.93 = 1.16	17.63/30 = 1.701

表 4-31　台中市幼稚園及托兒所經由整理後之數值

	平均月收費（元）	教師師資相關科 / 教師人數	學生人數與教師人數比例	班級人數人數：班數
A	22,800	0.96	1.5	1.5
B	13,000	0.9091	0.8426	1.333
C	11,000	0.75	0.6082	1.216
D	12,000	1	1	2
E	14,000	0.875	1.4705	1.764
F	22,600	1	1.2195	1.216
G	24,000	1	2.7272	5.454
H	16,000	1	1.873	3
I	16,000	0.9412	1.16	1.701

　　利用永井正武的局部性灰色關聯度，平均月收費取望目（20,000），其他的因子取望大，經過計算後可以得到表 4-32 的結果。

表 4-32　台中市幼稚園及托兒所經由灰色關聯計算之數值

	平均月收費（元）	教師師資相關科 / 教師人數	學生人數與教師人數比例	班級人數人數 / 班數	灰色關聯度
A	22,800	0.96	1.5	1.5	0.9688
B	13,000	0.9091	0.8426	1.333	0.3125
C	11,000	0.75	0.6082	1.216	0.0000
D	12,000	1	1	2	0.1563
E	14,000	0.875	1.4705	1.764	0.4688
F	22,600	1	1.2195	1.216	1.0000
G	24,000	1	2.7272	5.454	0.7813
H	16,000	1	1.873	3	0.7813
I	16,000	0.9412	1.16	1.701	0.7813

　　首先將表 4-32 的原始數值，以四個等級的方式加以離散化處理，如表 4-33 所示。

表 4-33　台中市幼稚園及托兒所經由四個等級離散化之數值

	平均 月收費 (R_1)	教師師資 相關科/教師人數 (R_2)	學生人數與 教師人數比例 (R_3)	班級人數 人數/班數 (R_4)	灰色關 聯度 (D)
x_1	4	4	2	1	4
x_2	1	3	1	1	2
x_3	1	1	1	1	1
x_4	1	4	1	1	1
x_5	1	3	2	1	2
x_6	4	4	2	1	4
x_7	4	4	4	4	4
x_8	2	4	3	2	4
x_9	2	4	2	1	4

其次計算各個因子的重要性：

1. 根據表 4-33 的數值計算屬性因子集

$$\frac{U}{C} = \frac{U}{\{R_1, R_2, R_3, R_4\}} = \{\{x_1, x_6\}, \{x_2\}, \{x_3\}, \{x_4\}, \{x_5\}, \{x_7\}, \{x_8\}, \{x_9\}\}。$$

2. 根據表 4-33 的數值計算決策因子集

$$\frac{U}{D} = \{\{x_1, x_6, x_7, x_8, x_9\}, \{x_2, x_5\}, \{x_3, x_4\}\} = \{X_1, X_2, X_3\}。$$

因此 $pos_C(D) = \{\{x_1\}, \{x_2\}, \{x_3\}, \{x_4\}, \{x_5\}, \{x_6\}, \{x_7\}, \{x_8\}, \{x_9\}\}$，

代入方程式中得到 $\gamma_c(D) = \dfrac{|pos_C(D)|}{|U|} = \dfrac{9}{9} = 1$。

3. 分析各個因子的條件屬性

(1) 刪除 R_1

$$\frac{U}{C} = \frac{U}{\{R_2, R_3, R_4\}} = \{\{x_1, x_6, x_9\}, \{x_2\}, \{x_3\}, \{x_4\}, \{x_5\}, \{x_7\}, \{x_8\}\} \text{ 。}$$

$$\frac{U}{D} = \{\{x_1, x_6, x_7, x_8, x_9\}, \{x_2, x_5\}, \{x_3, x_4\}\} = \{X_1, X_2, X_3\} \text{ 。}$$

因此 $pos_C(D) = \{\{x_1\}, \{x_2\}, \{x_3\}, \{x_4\}, \{x_5\}, \{x_6\}, \{x_7\}, \{x_8\}, \{x_9\}\}$,

代入方程式中得到 $\gamma_{c-\{R_1\}}(D) = \frac{|pos_C(D)|}{|U|} = \frac{9}{9} = 1$ 。

所以 R_1 的屬性重要性為 $\sigma_{(C,D)}(R_1) = \frac{1-1}{1} = 0$ 。

(2) 刪除 R_2

$$\frac{U}{C} = \frac{U}{\{R_1, R_3, R_4\}} = \{\{x_1, x_6\}, \{x_2, x_3, x_4\}, \{x_5\}, \{x_7\}, \{x_8\}, \{x_9\}\} \text{ 。}$$

$$\frac{U}{D} = \{\{x_1, x_6, x_7, x_8, x_9\}, \{x_2, x_5\}, \{x_3, x_4\}\} = \{X_1, X_2, X_3\} \text{ 。}$$

因此 $pos_C(D) = \{\{x_1\}, \{x_5\}, \{x_6\}, \{x_7\}, \{x_8\}, \{x_9\}\}$,

代入方程式中得到 $\gamma_{c-\{R_2\}}(D) = \frac{|pos_C(D)|}{|U|} = \frac{6}{9} = \frac{2}{3}$ 。

所以 R_2 的屬性重要性為 $\sigma_{(C,D)}(R_2) = \frac{1-\dfrac{2}{3}}{1} = \frac{1}{3} = 0.3333$ 。

(3) 刪除 R_3

$$\frac{U}{C} = \frac{U}{\{R_1, R_2, R_4\}} = \{\{x_1, x_6\}, \{x_2, x_5\}, \{x_3\}, \{x_4\}, \{x_7\}, \{x_8\}, \{x_9\}\} \text{ 。}$$

$$\frac{U}{D} = \{\{x_1, x_6, x_7, x_8, x_9\}, \{x_2, x_5\}, \{x_3, x_4\}\} = \{X_1, X_2, X_3\} \text{ 。}$$

因此 $pos_C(D) = \{\{x_1\}, \{x_2\}, \{x_3\}, \{x_4\}, \{x_5\}, \{x_6\}, \{x_7\}, \{x_8\}, \{x_9\}\}$,

代入方程式中得到 $\gamma_{c-\{R_3\}}(D) = \dfrac{\left|pos_C(D)\right|}{|U|} = \dfrac{9}{9} = 1$。

所以 R_3 的屬性重要性為 $\sigma_{(C,D)}(R_3) = \dfrac{1-1}{1} = 0$。

(4) 刪除 R_4

$$\dfrac{U}{C} = \dfrac{U}{\{R_1,R_2,R_3\}} = \{\{x_1,x_6\},\{x_2\},\{x_3\},\{x_4\},\{x_5\},\{x_6\},\{x_7\},$$

$$\{x_8\},\{x_9\}\}。$$

$$\dfrac{U}{D} = \{\{x_1,x_6,x_7,x_8,x_9\},\{x_2,x_5\},\{x_3,x_4\}\} = \{X_1,X_2,X_3\}。$$

因此 $pos_C(D) = \{\{x_1\},\{x_2\},\{x_3\},\{x_4\},\{x_5\},\{x_6\},\{x_7\},\{x_8\},\{x_9\}\}$，

代入方程式中得到 $\gamma_{c-\{R_4\}}(D) = \dfrac{\left|pos_C(D)\right|}{|U|} = \dfrac{9}{9} = 1$。

所以 R_4 的屬性重要性為 $\sigma_{(C,D)}(R_4) = \dfrac{1-1}{1} = 0$。

可以得到各個因子的重要性如表 4-34 所示。

表 4-34　台中市幼稚園及托兒所經由粗糙集計算之結果

	平均月收費（元）	教師師資 相關科 / 教師人數	學生人數與 教師人數比例	班級人數 人數 / 班數
重要性	0	0.3333	0	0
排序	—	1	—	—

因此最重要的因子為教師師資，和實際的情況中的師資為優先是相當吻合的。

第 5 章

粗糙集的電腦工具箱

對於粗糙集中的計算而言，都存在著大量的數據，如果使用人工方式計算的話，則會耗費太多時間，因此發展電腦工具箱，以方便大量數值之計算及驗證。基於此一原因，本書使用目前最常使用之 C 語言爲核心，發展粗糙集的電腦工具箱，以方便讀者之學習及應用。

5.1　電腦工具箱之需求及特性

1. 系統要求：電腦工具箱的要求爲 (1)Windows 7.0 或後續之版本。(2) Microsoft® txt 或後續版本。(3) 螢幕解析度至少爲 1024×768。

2. 輸出入介面方面：採用 Windows 之平台爲基本架構，以 txt 數字形態輸入，可以輸入多組數值。

3. 執行檔介面：電腦工具箱將目前所需處理的所有相關理論、公式及方法，化爲函數形式之執行檔介面，使用者可以清楚及方便得知執行之函數，求得最佳結果。在做進一步處理時，均可以使資料傳輸的捨棄誤差達到最小，而將最正確的結果加以呈現。

4. 介面功能：利用 C 語言強大的介面功能，將整個資料以介面做輔助的顯現。並且利用微軟的強大功能，提供剪下、貼上、複製、存檔及列印等之各項功能，使用者可以方便的取用此部分資料，對於在文書處理上有極大的助益。

電腦工具箱使用說明如下。

1. 建立資料夾：點擊 Significant-Toolbox.exe 執行檔

圖 5-1 粗糙集資料夾畫面

11.txt - 記事本
檔案(F) 編輯(E) 格式(O) 檢視(V) 說明(H)

16	10	4.2	65	7
20	2.3	3.6	69.3	14
23	5.4	6.8	88.1	19.1
17	32	3.22	36.45	55
30	22	4.2	90	36.5
34.7	15.4	3.69	45.52	31.2
35	29	3.45	33	26
22.8	28	4.78	70	23.41
39	33	4.1	71.2	20
15.5	37.2	3.98	86.21	16.6

dust-004.txt - 記事本
檔案(F) 編輯(E) 格式(O) 檢視(V) 說明(H)

4	3	4	1	3
4	3	4	1	2
4	3	2	2	1
4	2	2	3	3
4	2	2	3	2
4	2	1	2	1
4	1	3	2	3
4	1	3	2	2
4	1	1	2	1
3	3	3	4	3
3	3	3	4	2
3	3	4	4	1
3	2	3	4	3
3	2	3	4	2
3	2	4	4	1
3	1	3	4	3
3	1	3	4	2
3	1	4	4	1
2	3	4	3	3

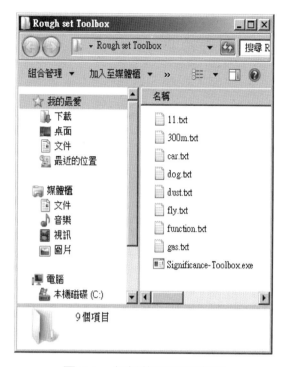

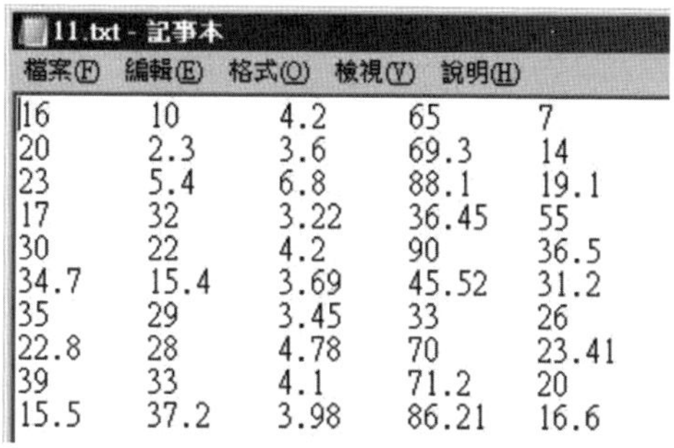

圖 5-2 類比資料形態及數位資料形態（txt）

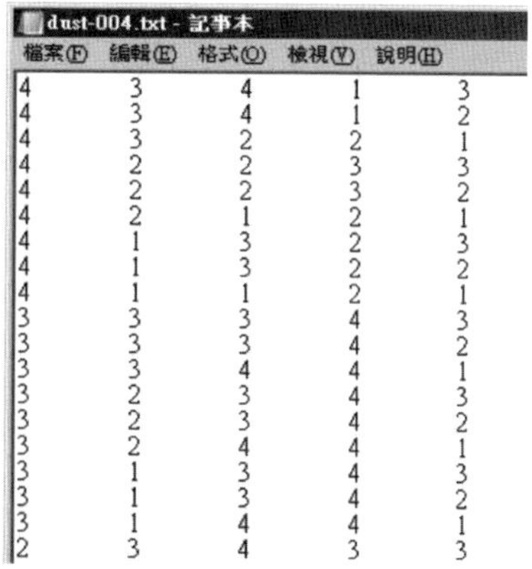

2. 工具箱整體畫面

(1) 執行 Significant-Toolbox 指令

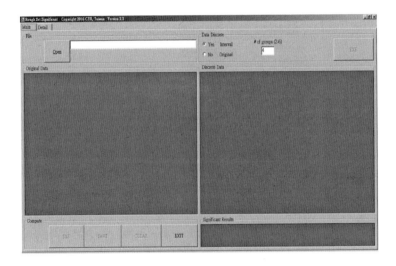

圖 5-3　粗糙集起始畫面

(2) 執行開啓檔案 —— 類比資料（Open）

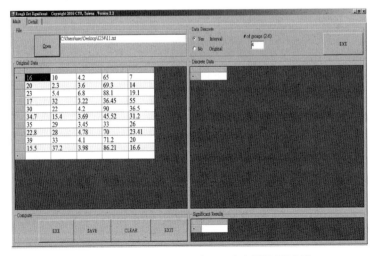

圖 5-4　開啓檔案後之畫面（連續型資料）

(3) 選擇離散化等級（四個等級）

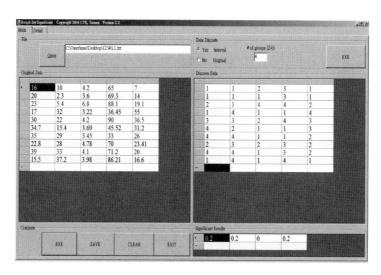

圖 5-5　四個等級離散化後之畫面

(4) 執行運算（EXE）

圖 5-6　運算後之結果畫面

(5) 執行開啟檔案 —— 數位資料（Open）

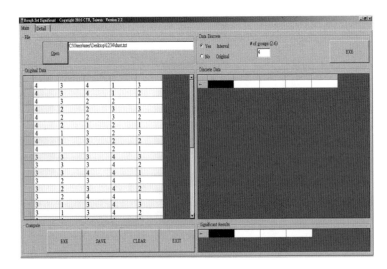

圖 5-7　開啓檔案後之畫面（離散型資料）

(6) 選擇離散化等級（Original）

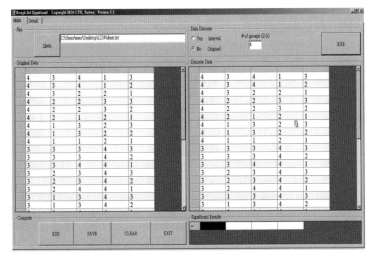

圖 5-8　Original 後之畫面

(7) 執行運算（EXE）

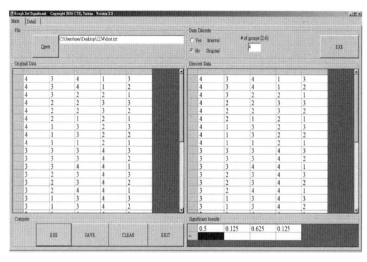

圖 5-9　運算後之結果畫面

(8) 儲存檔案（SAVE）

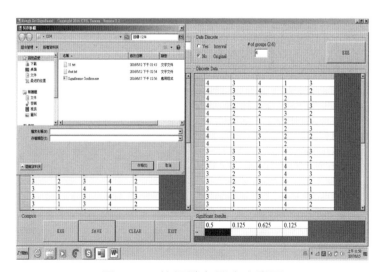

圖 5-10　執行儲存檔案之畫面

(9)計算之過程數值（Detail）

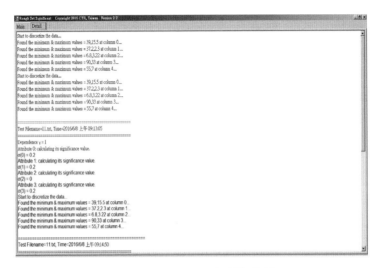

圖 5-11　選擇查看計算過程

(10) 清除檔案（CLEAR）及離開

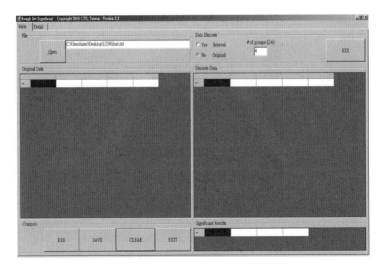

圖 5-12　清除檔案及離開回到 WINDOWS

5.2 電腦工具箱於實例上之驗證

5.2.1 汽車購買因子分析

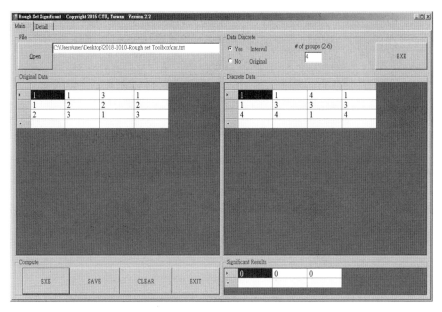

圖 5-13 汽車購買之驗證

5.2.2　官能基之重要性分析

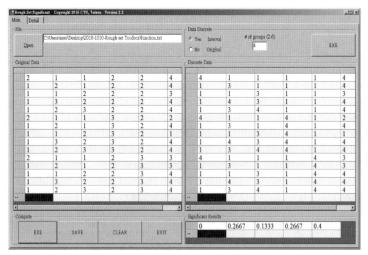

圖 5-14　官能基之驗證

5.2.3　無人機影響因子之分析

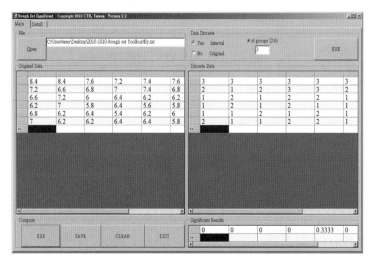

圖 5-15　無人機影響因子之驗證（三個等級）

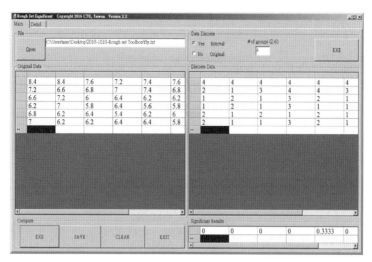

圖 5-16　無人機影響因子之驗證（四個等級）

5.2.4　狗吠聲音辨識之分析

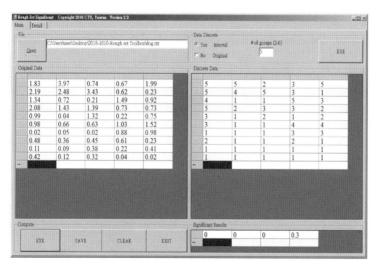

圖 5-17　狗吠聲因子之驗證（四個等級）

5.2.5　氣體絕緣破壞因子之分析

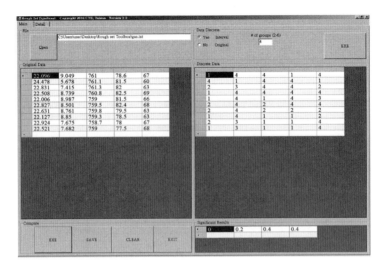

圖 5-18　氣體絕緣破壞因子之驗證（四個等級）

5.2.6　男子競速溜冰 300M 計時賽之分析

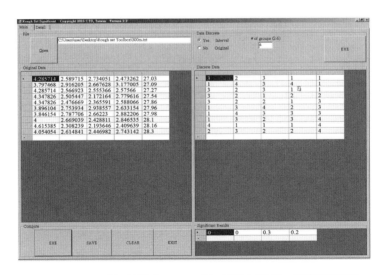

圖 5-19　男子競速溜冰 300M 計時賽之驗證（四個等級）

5.2.7 幼稚園及托兒所之選擇

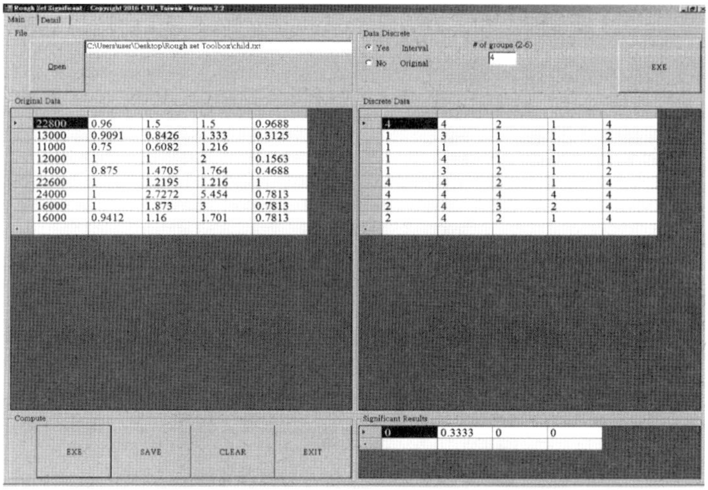

圖 5-20 幼稚園及托兒所因子重要性之驗證（四個等級）

5.3 粉塵爆炸影響因子重要性之研究

5.3.1 研究方法與架構

　　雖然根據過去的研究，影響粉塵爆炸的因子總共有八個，但是根據本題中所使用的最小著火能量測試儀，提出可以量化的因子總共有五個，建立相對應的分析數學方法，並且以電腦工具箱加以分析各個影響因子的權重，進行的步驟為：

1. 蒐集及建立影響因子的基本資料

　　首先根據最小著火能量測試儀的操作手冊，建立對系統影響的五個

因子，分別爲粉塵粒子大小、粒子濃度、溫度、濕度及含氧濃度，
設備如圖 5-21 及圖 5-22 所示。

圖 5-21　最小著火能量測試儀

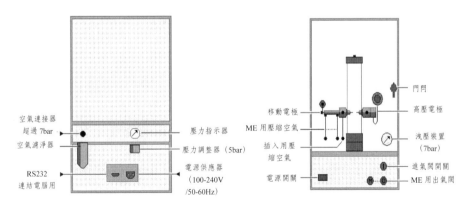

圖 5-22　最小著火能量測試儀正面及背面圖

2. 實際測試及分析

以糖粉做為粉塵爆炸之對象，如圖 5-23 所示。

圖 5-23　試驗用之糖粉

3. 建立分析之資訊表

利用最小著火能量測試儀建立分析之資訊表，如表 5-1 所示。

表 5-1　粉塵爆炸的資訊表

編號 / 因子	粒子大小 (μm)	粒子濃度 (mg)	溫度 (°C)	濕度 (%)	含氧濃度 (%)	爆炸能量 (mJ)
01	>420	1,200	20.7	55	21%	300
02	>420	1,200	20.7	56	21%	100
03	>420	1,200	18.4	61	21%	30
04	>420	900	18.5	66	21%	300
05	>420	900	19.0	65	21%	100
06	>420	900	17.3	61	21%	30
07	>420	600	19.3	63	21%	300
08	>420	600	19.4	63	21%	100
09	>420	600	17.3	61	21%	30

表 5-1 粉塵爆炸的資訊表（續）

編號／因子	粒子大小（μm）	粒子濃度（mg）	溫度（°C）	濕度（%）	含氧濃度（%）	爆炸能量（mJ）
10	420～210	1,200	19.8	73	21%	300
11	420～210	1,200	19.6	72	21%	100
12	420～210	1,200	20.1	72	21%	30
13	420～210	900	19.6	72	21%	300
14	420～210	900	19.9	71	21%	100
15	420～210	900	20.2	71	21%	30
16	420～210	600	19.8	73	21%	300
17	420～210	600	19.8	72	21%	100
18	420～210	600	20.1	71	21%	30
19	210～105	1,200	20.9	66	21%	300
20	210～105	1,200	20.8	66	21%	100
21	210～105	1,200	20.6	67	21%	30
22	210～105	900	20.9	66	21%	300
23	210～105	900	20.9	66	21%	100
24	210～105	900	20.9	66	21%	30
25	210～105	600	19.8	69	21%	300
26	210～105	600	20.0	70	21%	100
27	210～105	600	20.8	69	21%	30
28	<105	1,200	20.8	65	21%	300
29	<105	1,200	20.8	66	21%	100
30	<105	1,200	20.8	67	21%	30
31	<105	900	20.8	70	21%	300
32	<105	900	20.8	70	21%	100
33	<105	900	20.7	67	21%	30

5.3.2 實際計算及分析

根據所建構的資訊表，利用軟性計算的粗糙集的方式，分析影響因子對爆炸的權重。根據實際試驗的狀態，由於含氧濃度為固定，選出四個分析因子，如表 5-2 所示（「爆炸能量」做為輸出的因子，一般都不為分析因子）。

表 5-2 粉塵爆炸五個分析的因子

編號／因子	粒子大小（µm）	粒子濃度（mg）	溫度（℃）	濕度（%）	爆炸能量（mJ）
01	>420	1,200	20.7	55	300
02	>420	1,200	20.7	56	100
03	>420	1,200	18.4	61	30
04	>420	900	18.5	66	300
05	>420	900	19.0	65	100
06	>420	900	17.3	61	30
07	>420	600	19.3	63	300
08	>420	600	19.4	63	100
09	>420	600	17.3	61	30
10	420～210	1,200	19.8	73	300
11	420～210	1,200	19.6	72	100
12	420～210	1,200	20.1	72	30
13	420～210	900	19.6	72	300
14	420～210	900	19.9	71	100
15	420～210	900	20.2	71	30
16	420～210	600	19.8	73	300

表 5-2　粉塵爆炸五個分析的因子（續）

編號/因子	粒子大小（μm）	粒子濃度（mg）	溫度（°C）	濕度（%）	爆炸能量（mJ）
17	420～210	600	19.8	72	100
18	420～210	600	20.1	71	30
19	210～105	1,200	20.9	66	300
20	210～105	1,200	20.8	66	100
21	210～105	1,200	20.6	67	30
22	210～105	900	20.9	66	300
23	210～105	900	20.9	66	100
24	210～105	900	20.9	66	30
25	210～105	600	19.8	69	300
26	210～105	600	20.0	70	100
27	210～105	600	20.8	69	30
28	<105	1,200	20.8	65	300
29	<105	1,200	20.8	66	100
30	<105	1,200	20.8	67	30
31	<105	900	20.8	70	300
32	<105	900	20.8	70	100
33	<105	900	20.7	67	30

　　根據粗糙集的定義，首先要對數值做離散化的處理，由於數據中的粒子大小及粒子濃度均已為離散化的狀態，根據溫度及濕度的特性，本題取四個等級的離散，離散後的數值如表 5-3 所示。

表 5-3　粉塵爆炸五個分析的因子的四個等級離散化

編號／因子	粒子大小	粒子濃度	溫度	濕度	爆炸能量
01	4	3	4	1	3
02	4	3	4	1	2
03	4	3	2	2	1
04	4	2	2	3	3
05	4	2	2	3	2
06	4	2	1	2	1
07	4	1	3	2	3
08	4	1	3	2	2
09	4	1	1	2	1
10	3	3	3	4	3
11	3	3	3	4	2
12	3	3	4	4	1
13	3	2	3	4	3
14	3	2	3	4	2
15	3	2	4	4	1
16	3	1	3	4	3
17	3	1	3	4	2
18	3	1	4	4	1
19	2	3	4	3	3
20	2	3	4	3	2
21	2	3	4	3	1
22	2	2	4	3	3
23	2	2	4	3	2
24	2	2	4	3	1

表 5-3　粉塵爆炸五個分析的因子的四個等級離散化（續）

編號／因子	粒子大小	粒子濃度	溫度	濕度	爆炸能量
25	2	1	3	4	3
26	2	1	4	4	2
27	2	1	4	4	1
28	1	3	4	3	3
29	1	3	4	3	2
30	1	3	4	3	1
31	1	2	4	4	3
32	1	2	4	4	2
33	1	2	4	3	1

　　由於實驗次數高達 33 次，計算相當的冗長，因此直接經由粗糙集的電腦工具箱計算影響因子的重要性，結果如表5-4及圖5-23所示。

表 5-4　粉塵爆炸的因子重要性（四個等級離散化）

因子	粒子大小	粒子濃度	溫度	濕度
權重	0.5	0.125	0.625	0.125
排序	2	3	1	3

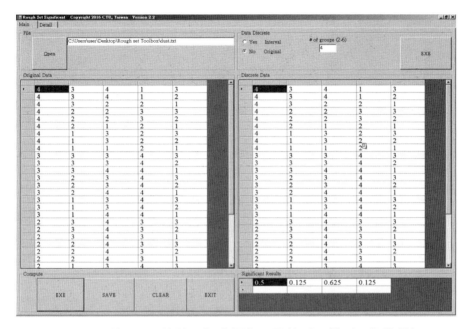

圖 5-24　利用工具箱驗證粉塵爆炸因子的重要性（四個等級）

　　本題對最小著火能量測試儀施以高壓電，使測試糖粉的粉塵達到爆炸能量，找出環境因子對糖粉的影響。經由實際的試驗，利用粗糙集數學加以分析，得到影響因子的重要性的排序分別是溫度＞粒子大小＞粒子濃度＞濕度，此一結果和實際的情形相當的吻合。

一、中文

[1] 胡壽松，何業群，粗糙決策理論與應用，北京航空航天大學出版社，北京，2000年。

[2] 溫坤禮，賴家瑞，灰色 GM(h,N) 分析與粗糙集方法之比較研究，計量管理期刊，第一卷，第一期，頁 39-58，2004年。

[3] 張文修，吳偉志，梁吉業，李德玉，粗糙集理論與方法，科學出版社，北京，2006年。

[4] 溫坤禮，永井正武，張廷政，溫惠筑，粗糙集入門及應用，五南圖書公司，台北，2008年。

[5] 游美利，王曦，吳義鋒，溫坤禮，王紀瑞，應用 GM(h, N) 於水質污染因子權重分析之研究，第十一屆離島資訊技術與應用研討會，頁 514-520，澎湖，2012年。

[6] 張耿豪，運用軟性計算於四旋翼無人飛機性價比分析，碩士論文，建國科技大學電機研究所，彰化，2018年。

二、日文

[1] 森典彦，田中英夫，井上勝雄編，データからの知識獲得と推論ラフ集合と感性，海文堂（日本），2004年。

三、英文

[1] Z. Pawlak, "Rough sets," Journal Computer Information Science, vol. 11, pp. 341-356, 1982.

[2] Z. Pawlak, Rough sets-theoretical aspects of reasoning about data, Boston: Kluwer Academic Publisher, 1991.

[3] Z. Pawlak, J. G. Busse, and R Slowinski, et al, "Rough sets," Communication of the ACM, vol. 38, no. 11, pp.89-95 1995,

[4] T. C. Chang, "A forecasting model of dynamic grey rough set and its application on stock selection," Lecture Notes in Computer Science, vol. 3782, pp.360-374, 2005.

[5] X. F. Zhang, Q. L. Zhang, "Program realization of rough set attributes reduction," Proceedings of the 6th World Congress on Intelligent Control and Automation, pp. 5995-5999, 2006.

[6] G. D. Li, D. S. Yamaguchi, H. S. Lin, K. L. Wen and M. T. Nagai, "A grey-based rough set approach to suppliers selection problem," Proceedings of RSCTC 2006, pp.487-496, 2006.

[7] K. L. Wen, C. W. Wang and C. K. Yeh, "Apply rough set and GM(h,N) model to analyze the influence factor in gas breakdown," Proceedings of IEEE System, Man and Cybernetic Conference, pp. 2771-2775, 2007.

[8] G. D. Li, D. S. Yamaguchi and M. T. Nagai, "A grey-based rough decision-making approach to supplier selection," International Journal of Advanced Manufacturing Technology, Springer, 2007.

[9] D. S. Yamaguchi, G. D. Li and M. T. Nagai, "A grey-rough set approach for interval data reduction of attributes," Proceedings of the International Conference on Rough Sets and Emerging Intelligent Systems Paradigms Springer, vol. 4585, pp. 400-410, 2007.

[10] D. S. Yamaguchi, G. D. Li and M. T. Nagai, "A grey-rough approximation model for interval data processing," Information Sciences, Elsevier, vol. 177, no. 21, pp.4727-4744, 2007.

[11] K. L. Wen. S. K. Changchien, "The weighting analysis of influence factors in gas breakdown via rough set and GM(h,N)," Journal of Computers, vol. 3, no. 11, pp. 17-24, 2008.

[12] W. F. Hsieh, "Apply GM(0,N) and rough set in the influence factor analysis of 300m man's race," Journal of Grey System, vol. 12, no. 3, pp. 101-108, 2009.

[13] K. L. Wen, M. L. You, "The development of rough set toolbox via Matlab," Current Development in Theory and Applications of Computer Science, Engineering and Technology, vol.1, no. 1, pp.1-15, 2010.

[14] H. Y. Liang, Y. T. Lee, M. L. You and K. L. Wen, "The weighting analysis of influence factor in clinical skin physiology assessment via rough set method," Journal of Biosci-

ence and Bio Technology, vol. 2, no. 1, pp.39-46, 2010.

[15] W. L. Liu, Y. T. Lee, K. L. Wen and H. C. Chen, "Apply rough set theory in the function group analysis for phenolic amide compounds," Proceedings of the 3rd International Conference on BioMedical Engineering and Informatics, pp.2289-2293, 2010.

[16] T. W. Sheu, J. C. Liang, M. L. You and K. L. Wen, "The study of imperfection in rough set on the field of engineering and education," Proceeding of the 3rd International Conference on Advanced Software Engineering & Its Applications, pp.93-102, 2010.

[17] J. Chen, S. J. Wu and K. L. Wen, "The imperfection of rough set in education field," World Transactions on Engineering and Technology Education, vol. 8, no. 4, pp. 419-425, 2010.

[18] P. J. Chen, M. L. Chen and W, C. Cho, "The recognition of barking via grey relational analysis," Journal of Grey System, vol. 14, no. 4, pp. 173-180, 2011.

[19] K. L. Wen, Y. T. Lee, "Applying rough set theory in the function group analysis for phenolic amide compounds," Computers and Electrical Engineering, vol. 38, pp. 11-18, 2012.

[20] W. S. Hsu, "The study and application of multiaxial aircraft in military mission," Army Bimonthly, vol. 51, no. 541, pp. 131-151, 2015.

[21] M. L. Chen, C. T. Fang and K. C. Lin, "The identification of dog's identity via GM(0,N) and regression analysis," Journal of Grey System, vol. 18, no. 4, pp. 223-230, 2015.

[22] VW Taiwan Branch, Retrieved from http://www.volkswagen.com/de.html, 2015.

[23] BMW Taiwan Branch, Retrieved from http://www.bmw.com.tw/, 2015.

[24] Benz Taiwan Branch, Retrieved from http://ww.mercedes-benz.com.tw/content /taiwan/mpc/mpc_ taiwan_website/twng/home_mpc/passengercars.flash.html, 2015.

[25] Audi Taiwan Branch, Retrieved from http://www.audi.com.tw/tw/brand/zh.html, 2015.

[26] Porsche Taiwan Branch, Retrieved from http://pap.porsche.com/taiwan/zh/, 2015.

[27] K. L.Wen, K. H. Chang and Y. C. Shen, "The evaluation of automobile in Germany via globalization grey relational grade," The SIJ Transactions on Industrial, Financial & Business Management, vol. 4, no. 7, pp. 76-81. 2016.

[28] K. L. Wen, M. L. You, Apply soft computing in data mining, 2nd Edition, Taiwan Kansei Information Association, Taiwan, 2018.

國家圖書館出版品預行編目資料

粗糙集：不確定性的決策／溫坤禮，游美利
著. ――初版.――臺北市：五南，2019.05
　　面；　公分
ISBN 978-957-763-343-9（平裝附光碟片）

1.應用數學

319.9　　　　　　　　108003717

5D0A

粗糙集：不確定性的決策

作　　　者 — 溫坤禮（319.4）、游美利

發 行 人 — 楊榮川

總 經 理 — 楊士清

主　　　編 — 高至廷

責任編輯 — 許子萱

封面設計 — 姚孝慈

出 版 者 — 五南圖書出版股份有限公司

地　　　址：106台北市大安區和平東路二段339號4樓

電　　　話：(02)2705-5066　　傳　　　真：(02)2706-6100

網　　　址：http://www.wunan.com.tw

電子郵件：wunan@wunan.com.tw

劃撥帳號：01068953

戶　　　名：五南圖書出版股份有限公司

法律顧問　林勝安律師事務所　林勝安律師

出版日期　2019年5月初版一刷

定　　　價　新臺幣250元